南亚热带地区木本花卉识别与应用

武丽琼　杜丽清◎主编

NANYA REDAI DIQU MUBEN HUAHUI SHIBIE YU YINGYONG

中国农业出版社
农村设物出版社
北　京

《南亚热带地区木本花卉识别与应用》

编委会名单

主　　编：武丽琼　杜丽清

副 主 编：黄小华　陈英敏　冯海燕　陈佳瑛

编写人员（按姓氏笔画排序）：

王国祥　冯海燕　刘兴巧　杜丽清　李　冉

杨春国　吴刘萍　邹明宏　宋喜梅　陈英敏

陈佳瑛　武丽琼　黄小华　曾　辉

摄　　影：武丽琼　张华平　冯文星　方雄元

前 言

根据平均温度及积温，我国的气候类型分为热带、亚热带、暖温带、温带、寒温带等5个气候带。南亚热带是亚热带的一个分区，位于中亚热带和北热带之间，无霜期在300天以上，极端温度0℃以上，月均温在10℃以上，年积温在6 500 ～ 8 000℃，基本没有气候学上的冬天。我国南亚热带地区主要城市有广州、深圳、湛江、珠海、南宁、梧州、北海、香港、澳门、台北、台中、泉州、厦门、福州、汕头等。这些地区是天然橡胶种植的北缘线，植物种类表现为热带与亚热带过渡性，典型热带作物在冬天会受到寒害，不适宜种植，如可可、红毛丹、槟榔等。典型温带花木如樱花、梅花、桃花、梨等因不能忍受长期的高温高湿，且得不到足够的低温春化，表现出生长不良，开花不畅。这些地区，适宜种植的典型农作物有龙眼、荔枝、番木瓜、香蕉、甘蔗等，代表花木为三角梅、凤凰树、炮仗藤等。

木本花卉是指具有显著观花特征的木本植物，它包括观花乔木、观花灌木及木质观花藤本。木本花卉几乎都是双子叶植物，它相对于草本花卉而言，具有体量大、寿命长、管理粗放、生态效果好等特点。木本花卉多应用于室外景观的植物配置，除具有良好的保持水土、调节气候、改善环境等生态效果，更能形成强烈的园林景观，成为视觉的焦点。木本花卉具有花形千奇百态、色彩艳丽、质感细腻、花香浓郁等特点，具有强烈的亲和性，能够带给人们视觉上的冲击和精神上的愉悦。花谢花开，生命轮回，季节变化，能够营造缤纷活跃的环境，打破沉闷的氛围，感知大自然的奥妙和生命的美好。木本花卉在园林中大量应用：观花乔木可作为行道树、主景树、庭园树；观花灌木用作花丛、花篱、地被或盆栽，是南亚热带地区应用最为广泛的花木类型；木质观花藤本是垂直绿化、立体绿化最好的植物素材，能够形成浪漫缤纷的氛围。当代城市及人居环境建设对园林植物要求已从单纯绿化上升到美化、花化、香化的高度，木本花卉品种不断丰富，应用范围会更加广泛，应用形式丰富多样化。

笔者长期从事南亚热带花卉引种、试种及推广工作，成功引种了一些优良品种，但收获更多的是引种失败的教训。引种失败原因不尽相同，有的被花的奇艳所吸引，存在盲目引进；但更多的是，貌似从气候相近的地区引种，却因环境温度、空气湿度、生态环境、病虫害等差异和影响，造成植物生长不良，开花效果不好，从而导致引种失败。因此特别希望通过此书，把适合南亚热带地区木本观花植物搜集罗列出来，以便读者对这些植物能更了解，也是对笔者长期工作的总结。

本书收集了南亚热带地区常见及适宜种植的木本观花植物49科148属254种，介绍其形态特征、原产地、生态习性、繁殖方式、景观特点、园林及其他用途等，并对部分重要的近缘种、近似种、品种等对比区分介绍，配置植物开花图片及重要特征的图片。本书分观花乔木、观花灌木、木质观花藤本三部分以方便应用。按照最新的APG植物分类系统，把每一部分同科植物编排在一起，并按照科的汉语拼音字母顺序排列，科内植物按照学名的字母顺序排列。植物学名参考了《中国植物志》、*Flora of China*、www.iplant.cn等专著文献及资料。本书可供花卉爱好者欣赏和识别南亚热带地区常见的花木，也可作为园林工作者进行园林景观设计、绿化施工及风景园林教学等的木本花卉信息资料。

鉴于作者水平有限，书中有不当和错漏之处，敬请读者及专家批评指正。

编　著

2023年4月

目 录

前言

一、观花乔木

二、观花灌木

三、木质观花藤本

一、观花乔木

观花乔木是以观花为主，具有明显主干的景观树种。乔木在园林应用中，无论在功能上还是艺术处理上都能起主导作用，它具有界定空间、提供绿荫、防止眩光、调节气候等功能；它鲜艳的色泽、细腻的质地、浓郁的花香，能够给人带来强烈的视觉、嗅觉等感观刺激，加上它较大的体量、丰富的形态、完美的株形，在色彩、线条、质地、色相、季相等方面，更能形成强烈的艺术效果，带给人们赏心悦目、心旷神怡的心灵感受。

南亚热带地区地处热带地区的边缘，属于亚热带气候，受热带季风气候影响，常年温差较小，四季不分明。自然植被为阔叶季雨林，四季常绿，乡土观花乔木相对较少。通过园林工作者不断地引进、试种和推广，一些原产热带美洲、热带非洲及东南亚地区的优良观花乔木在我国得到了成功引进，丰富了我国亚热带地区观花乔木的种类。早期成功引进的观花植物如原产非洲岛国马达加斯加的凤凰树，拉丁美洲的鸡蛋花，东南亚的大叶紫薇、腊肠树等。近些年，观花植物大量引进推广，成功推广了来自南美洲的美丽异木棉、风铃木、蓝花楹，西非地区的火焰木等。南亚热带观花树种类主要集中在豆科、木棉科、紫葳科、夹竹桃科、千屈菜科等，而蔷薇科、木樨科的种类较少。

南亚热带观花乔木具有树形高大，色彩鲜艳，花开四季的特点，高大挺拔的木棉树，明媚热烈的凤凰树，花期超长的火焰木，金灿灿的黄花风铃木，冬季盛开的紫花风铃木等。

观花乔木在园林中主要用作景观树、庭荫树及行道树。株形优美、观花效果良好可以孤植用的树种用作主景树或庭园树；分枝点较高、树干笔直的观花树种适合作行道树或庭荫树；而花量多、开花效果好、株形不太整齐的树种适合丛植、片植，形成大面积的色块及花丛。

一些观花乔木的花、叶、果实、皮、木材具有其他经济价值。花常用作茶饮或药饮，如木棉花、鸡蛋花、白兰等；腊肠树的果、黄槐的叶、紫花风铃木及刺桐的皮等可作药用；大叶紫薇是优良木材，针对一些观花树种的特殊用途也作简单介绍。

1.木油桐 *Vernicia montana*

大戟科 Euphorbiaceae	油桐属 *Vernicia*
俗名：千年桐、广东油桐、皱桐	

落叶乔木，高可达15米。叶互生，阔心形，全缘或2～5裂，纸质。多数雌雄异株，总状花序顶生，花冠白色，5瓣，中心红黄色。核果近球形，三棱状，具网状皱纹。春末至夏季开花。

原产我国华南、西南地区。喜阳，喜高温、湿润，耐热，耐旱，耐贫瘠。播种繁殖。

盛花期满树繁花，玉树银花，颇为壮观，常用作景观树、生态景观林或经济林树种。种子是重要的工业油料；果皮可制活性炭或提取碳酸钾。

2.红花羊蹄甲 *Bauhinia*×*blakeana*

豆科 Fabaceae	羊蹄甲属 *Bauhinia*
俗名：红花紫荆、洋紫荆、香港紫荆	英文名：Hong Kong Orchid Tree

常绿乔木。叶近圆形或阔心形，顶端2裂至叶全长1/4～1/3，基出脉11～13条。总状花序腋出或顶生；花瓣5枚，倒卵形或倒披针形，花冠紫红色，近轴花瓣，有暗紫色斑纹；完全雄蕊5枚，其中3枚较长。花期长，秋春季开花，通常不结果。

红花羊蹄甲为宫粉紫荆与羊蹄甲的自然杂交种，始发现于香港，为香港市花和香港特区区旗图案，华南地区常见花木。喜光，喜温暖至高温湿润气候，适应性强，喜肥沃湿润土壤，不太耐干旱和瘠薄，抗大气污染，不抗风。常用洋紫荆或羊蹄甲作砧木嫁接繁殖。

树冠平展如伞，枝条婆娑，叶富有特色，花大色艳，花期长，盛花时红花满树，姹紫嫣红，为美丽的木本花卉，适作园景树、行道树、庭荫树等。

近缘种，宫粉紫荆（*B. variegata*），俗称洋紫荆、宫粉羊蹄甲，叶先端2裂至1/3，基出脉11～15条；花粉红，旗瓣杂以黄绿色及暗紫色纹斑，能育雄蕊5枚；花期2—5月，容易结果。羊蹄甲（*B. purpurea*），叶先端2裂深至1/3～1/2，基出脉9～11条；花浅桃红，瓣较狭窄，具长柄，能育雄蕊3枚；花期9—11月，容易结果。栽培种，白花宫粉羊蹄甲（*B. variegate* ‘Candida’），花瓣白色，雄蕊5枚，退化雄蕊无，结果。

宫粉紫荆行道树

红花羊蹄甲

宫粉紫荆

羊蹄甲

白花宫粉羊蹄甲

3.腊肠树 *Cassia fistula*

豆科 Fabaceae	腊肠树属 *Cassia*
俗名：阿勃勒、猪肠豆、大解树	英文名：Golden Shower Tree、Indian Laburnum

落叶乔木，高可达12米。树皮幼时光滑呈灰色，老时粗糙；枝细长。偶数羽状复叶，小叶4～8对，阔卵形，较大，8～13厘米。总状花序下垂；花瓣黄色，5枚，花与叶同时开放或先叶开放。荚果筒状长条形，长30～60厘米，黑褐色。花期6—7月，果期10月至翌年4月。

原产印度、缅甸和斯里兰卡。喜光，喜温暖至高温湿润气候，不耐干旱、不耐寒。主要害虫菜粉蝶，易食其叶。枝叶松散，花后应修剪。播种繁殖为主，播种前将种子浸水两昼夜，再洗掉表面透明薄膜，能促进发芽。

夏季金黄色花序悬垂于枝上，盛开时串串黄花，迎风摇曳，婀娜多姿，秋季细长荚果，极像一节节香肠挂于树间，可作庭园树、行道树。树皮可做红色染料。叶、根、树皮、果瓤和种子均可入药作缓泻剂。木材坚重，光泽美丽，耐朽力强。

近缘种，爪哇腊肠树（*C. javanica*）又名爪哇决明、粉花山扁豆、节果决明，干有刺状短枝；总状花序小枝顶生，花粉红至粉紫，雄蕊黄色，10枚，其中3枚较长花粉管中间膨大，花期4—6月；果长圆条形，30～40厘米。绒果决明（*C. bakeriana*）俗名泰国樱花、花旗木、粉花腊肠树。叶有短茸毛，花梗较长，花粉红至粉白，雄蕊黄色，3枚较长花粉管中间膨大，雌蕊呈红色弯钩。花簇生于枝上，开花时几乎无叶，花期3—4月。果长圆柱形，有短茸毛。

腊肠树

绒果决明（花）

爪哇腊肠树（果）

爪哇腊肠树（花）

4. 凤凰木 *Delonix regia*

豆科 Fabaceae	凤凰木属 *Delonix*
俗名：凤凰树、红楹、红花楹、火树	英文名：Flame Tree、Royal Poinciana Tree

落叶大乔木，株高可达20米。树冠扁圆状伞形，分枝多而开展；有时具板根。二回偶数羽状复叶，托叶羽状。花序顶生或腋生，花大而美丽，鲜红至橙红色，具黄色及白色花斑。荚果镰刀状，长可达60厘米。花期5—6月，果期8—10月。

原产于马达加斯加及非洲热带地区，为马达加斯加国花。喜阳，喜高温高湿，不耐寒，喜肥沃、深厚及排水良好的土壤，不耐贫瘠及烟尘。生长迅速，根系发达，移栽容易；易受尺蠖侵食，注意防治。播种繁殖。

树形高大，树姿优雅，花大色艳，盛开时红如焰火，灿若云霞，鲜艳夺目，为优秀的观花乔木，可用作景观树、庭荫树、行道树，孤植用作主景树尤为壮美。树脂能溶于水，用于工艺；木材轻软，富有弹性和特殊木纹，可作小型家具和工艺原料。种子有毒，忌食。

5.鸡冠刺桐 *Erythrina crista-galli*

豆科 Fabaceae	刺桐属 *Erythrina*
俗名：鸡冠豆	英文名：Swamp Immortelle、Coral Bean、Swamp Erythrina

落叶小乔木，枝干稍有刺。三出羽状复叶，小叶长卵形，先端钝。总状花序顶生，花叶同放；花萼红色，萼片合生钟状；花冠蝶形，旗瓣发达，深红色，二体雄蕊。荚果，种子间缢缩；种子亮褐色。花期长，整个夏秋季。

原产于南美洲，阿根廷和乌拉圭的国花，智利的国树，美国洛杉矶市树。性喜高温，耐热耐旱，喜排水良好，生性强健。分枝较多，冬季部分小枝干枯，花后应整枝修剪。播种繁殖。

花姿瑰丽，花序呈鸡冠状，非常美丽，为优良庭园木本观花树种。材质柔软，可代软木作木栓。树皮药用，有麻醉、镇静作用。

近缘种，龙牙花（*E. corallodendron*）又名珊瑚刺桐、象牙红，小乔木或灌木，萼片筒状，花冠红色，窄长近闭合状，呈月牙形；花期6—11月。刺桐（*E. variegata*），俗名海桐，落叶乔木，高达10米。干皮灰色，枝皮有黑色刺，萼片佛焰苞状，偏斜，分裂到基部，龙骨瓣2片分离，种子红色，花期3—5月。本种耐盐碱，常用作沿海地带木本花卉，不易结果，常用扦插繁殖。叶容易被刺桐姬小蜂危害。刺桐树皮中药名“海桐皮”，能祛风去湿，通经活络，治跌打损伤。

龙牙花

鸡冠刺桐

刺　桐

6.仪花 *Lysidice rhodostegia*

豆科 Fabaceae　　仪花属 *Lysidice*

俗名：单刀根

常绿小乔木，株高5米。偶数羽状复叶，小叶3 ～ 5对，长椭圆形，侧脉明显，近平行，小叶柄粗短。圆锥花序顶生或腋生，苞片、小苞片粉红色，长椭圆形；花萼管状，裂片4，暗紫红色；花瓣紫色，能育雄蕊2枚，其余雄蕊严重退化。荚果带状，扁平，果瓣开裂常成螺旋状卷曲。花期4—8月，果期9—11月。

原产于广东、广西、云南等地。栽培中注意对分枝进行修剪，防止披散。播种繁殖，种子需用60℃热水浸泡后播种。

树形优美，主要观赏器官为苞片和花朵，花色淡雅，苞片观赏期长。可作庭园观赏树或列植作行道树。根、茎、叶有小毒，可药用，能散瘀消肿止血止痛，可治跌打损伤、骨折、风湿关节炎、外伤出血等症。韧皮纤维可代麻。

近缘种，短萼仪花（*L. brevicalyx*）乔木，高可达20米，小苞片白色。

仪　花

短萼仪花

仪　花

7.盾柱木 *Peltophorum pterocarpum*

豆科 Fabaceae	盾柱木属 *Peltophorum*
俗名：双翼豆、黄花盾柱木	英文名：Rusty Shield-bearer

落叶乔木，株高可达15米。幼枝及花序密被锈色柔毛，老枝密生锈色皮孔。二回偶数羽状复叶；羽片10～15对，小叶长圆状倒卵形，纸质。圆锥花序顶生，花萼外被锈色茸毛；花黄色，5瓣，略皱。荚果扁平具翅，纺锤形。花期3—6月，果期7—10月。

原产于东南亚、澳大利亚。喜光，喜高温多湿，适生于土层深厚、排水好的土壤。耐旱、较抗风，移栽容易，耐寒性稍差。播种繁殖。

树冠伸展伞状、枝叶优美，树姿雄伟；叶色翠绿，可作园景树、行道树和庭荫树。

8.中国无忧花 *Saraca dives*

豆科 Fabaceae	无忧花属 *Saraca*
俗名：火焰花、无忧花、袈裟树	英文名：Chinese Saraca

常绿乔木，高5～20米。嫩枝柔软细长，下垂，略带紫红色。偶数羽状复叶，小叶3～6对，阔披针形或长椭圆形。伞房花序腋生，干上开花，总苞大，早落；花萼橙黄色或橙红色，花瓣退化。荚果扁平，棕褐色，果瓣卷曲。花期4—5月，果期7—10月。

原产于云南东南部、广西南部及东南亚。性喜高温，喜生于富含有机质、排水良好的石灰质土壤。多用播种繁殖，也可扦插或高压繁殖。

树冠圆伞形，树姿雄伟；叶大翠绿，嫩梢下垂；花序大型，数十朵小花密生于成熟老枝主干或枝顶，花团锦簇，红似火焰，花期长，为高雅的木本花卉。可作园景树、庭荫树和行道树。无忧花为佛教圣树，相传佛祖释迦牟尼诞生于无忧树下。优良的紫胶虫寄主；树皮入药，可治风湿和月经过多。

近缘种，印度无忧花（*S. indica*），花橙红色，枝顶端开花。

中国无忧花（花）

印度无忧花

中国无忧花（果）

中国无忧花（叶）

9.黄槐决明 *Senna surattensis*

豆科 Fabaceae	决明属 *Senna*

俗名：黄槐

常绿小乔木，高5～7米；分枝多。树皮光滑，灰褐色；偶数复叶，叶柄及最下部2～3对棒状腺体，小叶7～9对，长椭圆形或卵形。总状花序生于枝顶叶腋，花鲜黄色至深黄色。荚果扁平条形。花期几乎全年，盛花期10—12月。

原产于印度、斯里兰卡、印度尼西亚，我国南部城市广泛栽培。性喜高温、喜光、耐旱。植株易老化，应冬末至早春强剪一次，促使枝条更新，开花繁盛。不抗台风，种植时应立支撑及种植在背风的场所。常用播种或根插繁殖。

枝叶茂密，花量大，满树金黄，花期长，为美丽的观花树。可片植，用于花篱或庭园种植。

10.铁刀木 *Senna siamea*

豆科 Fabaceae	决明属 *Senna*

俗名：孟买蔷薇木、孟买黑檀、泰国山扁豆、黑心树

落叶乔木，高约10米；树皮灰色，近光滑。偶数复叶，小叶6～12对，长椭圆形，先端钝或微凹。花5瓣，黄色，顶生。荚果扁条形。花期6—12月。

原产于云南。性喜高温、湿润、向阳的环境。生长强健，萌芽力强，耐热、耐干旱贫瘠，适应各类土壤，但以湿润肥沃的石灰质及中性土壤最佳，较抗风。播种繁殖。

枝叶苍翠，花朵金黄，花开时蜂蝶云集，花期长，病虫害少，耐贫瘠。可作园景树、行道树、庭荫树等，也是良好的造林及水土保持树种。木材黑色，坚硬致密，纹理美丽，耐水湿，不易被虫蛀，可供家具、建筑用材，更是优良的炭薪树种。

11. 水石榕 *Elaeocarpus hainanensis*

杜英科 Elaeocarpaceae	杜英属 *Elaeocarpus*

俗名：海南胆八树、海南杜英

常绿小乔木，树冠伞形，株高可达8米。单叶互生，狭披针形，革质，边缘有小锯齿，聚生于枝顶。总状花序腋生，苞片大，宿存；花白色，芳香，先端撕裂，流苏状，倒垂。核果纺锤形，两端渐尖。花果均垂挂于枝梢。花期6—7月。

原产于海南、广西南部及云南东南部。喜生于低湿处及山谷水边，喜高温多湿气候，深根性，抗风力较强，耐水湿，不耐寒，不耐干旱。

树冠伞形，枝条平展，树形柔美，花洁白淡雅，花形可爱，为常见的木本花卉，适宜作庭园风景树，常栽种于水体、池塘边。

12. 依兰 *Cananga odorata*

番荔枝科 Annonaceae	伊兰属 *Cananga*
俗名：香水树	英文名：Ylang-ylang、Cananga Tree

常绿大乔木，枝条疏朗，细长，下垂。叶较大，具长柄，花瓣长条形，黄绿色，薄纸质，芳香，下垂。果近圆球形。花期4—8月，果期12月至翌年3月。

原产东南亚。喜高温、湿润的环境，生长迅速。播种繁殖。

热带木本香料植物，被称之为“世界香花冠军”“天然的香水树”。可作香花植物景观树或大型盆栽。花具独特浓郁的芳香气味，可提制高级香精油。精油可使头发光泽，消除产后抑郁症，治疗疟疾等。

变种，小依兰（*C. odorata* var. *fruticosa*）植株矮小，灌木状。花香气较淡。

依　兰

小依兰

13. 红木 *Bixa orellana*

红木科 Bixaceae	红木属 *Bixa*
俗名：胭脂木	英文名：Lipstick Tree

常绿小乔木，高2～10米。枝棕褐色，密被红棕色短腺毛。单叶互生，心状卵形或三角状卵形，嫩叶揉搓有红色素。圆锥花序顶生，花萼密被红褐色鳞片；花瓣粉红色，5

枚；雄蕊多数，黄色。蒴果密生褐色长刺，种子外有红色的果瓤。夏秋季开花结果。

原产于美洲热带地区和西印度群岛。喜光，喜高温、湿润气候。生性强健，生长迅速。播种繁殖。

花色多种，有红色、白色、粉红色；果实红色，十分美丽，为观花和观果树种，常用作景观树。红木是一种古老而著名的食用色素植物，种子外皮可制红色染料，用于糕点及纺织品；树皮可作绳索；种子药用，为收敛退热剂。

14. 弯子木 *Cochlospermum religiosum*

红木科 Bixaceae	弯子木属 *Cochlospermum*
俗名：黄棉树、金凤花树	英文名：Yellow Silk Cotton Tree、Buttercup Tree

落叶乔木。树皮红褐色或绿色，叶掌状裂，似木薯叶，嫩时绿色，老时变为红色。圆锥花序簇生，鲜黄色；果实有绵毛，成熟后裂成五瓣，如棉花；种子弯曲，故名。花期春季，长约2个月。

原产于墨西哥，中美洲和南美洲也有分布。喜阳光充足，耐干旱，耐寒性弱，温度须在5℃以上，生长缓慢。播种繁殖。

花大，金黄耀眼，花期长，是优良的木本观花植物。原产地居民采摘花朵用作宗教祭祀。果序有丝绸般光泽的绵毛，可制作丝绵枕头，能帮助睡眠。

国王弯子木（*C. regium*）重瓣。

弯子木

国王弯子木

15.海杧果 *Cerbera manghas*

夹竹桃科 Apocynaceae	海杧果属 *Cerbera*
俗名：海檬果、海芒果	英文名：Cerberus Tree

常绿小乔木。枝干粗肥，树皮厚并含白色乳汁。叶丛生枝顶，单叶，全缘，革质。花5瓣，白色，中心淡紫红色。核果卵圆形，表面光滑，熟时红色。花期3—10月，果期7月至翌年4月。

原产于华南地区沿海近海湿润之地。生性强健，抗风，耐旱，耐盐，耐潮，生长迅速。播种繁殖。

树冠伞形，枝叶浓密，花洁白素雅，具芳香，花期长，常用作景观树、标本树，宜作海岸绿化防护树种。果皮含海杧果碱、生物碱、氰酸，毒性强烈，人、畜误食能致死。树皮、叶、乳汁能制药剂，有催吐、下泻、堕胎效用，用量需慎重。

16.蕊木 *Kopsia arborea*

夹竹桃科 Apocynaceae　　蕊木属 *Kopsia*

俗名：云南蕊木

常绿乔木，树皮灰褐色。叶坚纸质，椭圆形，对生。聚伞花序顶生，花冠白色，高脚碟状，花冠裂片向右覆盖；雄蕊着生于花冠筒喉部，花丝短而柔弱。核果椭圆形，成熟后蓝黑色。花期4—9月，果期9—12月。

原产于广东粤西地区及广西、海南等地，生于溪边、疏林中或山地路旁。性喜温暖、湿润的环境。播种繁殖。

植株清秀，花淡雅清丽，花期长，可作景观树观赏。云南民间有用其树皮煎水治水肿；果实、叶有消炎止痛舒筋活络功效。

红花蕊木（*K. fruticosa*）常绿小乔木，花瓣粉红色，5枚，中心色深，红色。

红花蕊木

蕊木（花）

蕊木（果）

17.玫瑰树 *Ochrosia maculate*

夹竹桃科 Apocynaceae	玫瑰树属 *Ochrosia*
俗名：红玫瑰木	

常绿小乔木，树高5～10米。全株有白色乳汁，茎枝灰色，嫩枝鲜绿。叶近革质或坚纸质，通常为3叶轮生。花白色，芳香。核果，成熟时果皮鲜红色，形如含苞玫瑰，成对着生。花期集中在4—6月，挂果期长，几乎全年。

原产于马达加斯加至太平洋的波利尼西亚。喜高温多湿和阳光充足的环境，较耐旱和耐寒，耐盐碱，耐污染。播种繁殖，播种前将果壳打破取出种子，放在20℃左右的水中浸泡8小时后再播种，利于发芽。

枝叶油亮，树形美观，花朵芳香，果实鲜艳奇特，挂果期极长，极具观赏价值，可作观花观果的景观树，或用于沿海地区绿化，岩石景观营造，工厂、矿区的绿化布置。

18.鸡蛋花 *Plumeria rubra*

夹竹桃科 Apocynaceae	鸡蛋花属 *Plumeria*
俗名：红鸡蛋花	英文名：Frangi Pani

落叶小乔木。枝条粗壮，带肉质，光滑，具丰富乳汁。叶互生，簇生于枝顶，阔披针形或长椭圆形，先端尖锐。聚伞花序顶生，花冠5裂，裂片右旋覆瓦状排列，花瓣红色、黄色、白色，花心黄色，芳香。果为双生的蓇葖果。春末至夏季为盛花期。

原产于中南美洲热带地区。喜光，喜温暖湿润及排水良好的肥沃沙质壤土。生命力甚强，耐干旱，抗盐碱。常用扦插、播种或嫁接繁殖。

鸡蛋花树姿优美，叶大，深绿色，花色素雅而芳香，世界著名热带芳香花木。又名“庙树”，为佛教“五树六花”之一，老挝国花。常作园景树，或作大型盆栽，海岸地带绿化。花可食用或泡茶，味甘，性凉，有清热利湿、润肺止咳之功效，为“五花茶”原料之一。乳汁易引起人皮肤过敏。

栽培品种众多，多达上千种，栽培种少见结果。常见栽培种有：黄鸡蛋花（*P. rubra* ‘Acutifolia’ 花瓣白色，花心黄色；红花鸡蛋花（*P. rubra* ‘Rubra’）花瓣红色，花心橘黄色；三色鸡蛋花（*P. rubra* f. *tricolor*）花瓣红白黄渐变，花心橘黄色。近缘种，钝叶鸡蛋花（*P. obtusa*），叶端钝圆，花瓣白色，花心淡黄。

鸡蛋花

鸡蛋花

黄鸡蛋花

黄鸡蛋花‘星莎’

三色鸡蛋花‘漾红’

三色鸡蛋花‘蜜桃’

三色鸡蛋花‘晨星’

三色鸡蛋花‘粉边金屏’

红花鸡蛋花‘春装’

红花鸡蛋花‘超级明星’

红花鸡蛋花‘绯红’

钝叶鸡蛋花

19.黄花夹竹桃 *Thevetia peruviana*

夹竹桃科 Apocynaceae	黄花夹竹桃属 *Thevetia*
俗名：酒杯花、黄花状元竹	英文名：Luckynut

常绿小乔木，植株有白色乳汁，树皮褐色，皮孔明显，小枝下垂。叶簇生枝顶，线形，革质，侧脉不明显。聚伞花序顶生，花冠黄色，漏斗状，5裂，右旋叠合排列，花大，芳香。核果元宝状，下垂。花期5—12月，果期8月至翌年春季。

原产于美洲热带地区。性喜温暖、湿润、阳光充足的环境，抗性强，容易生长，耐旱，耐贫瘠。扦插或播种繁殖。

果奇特似元宝，花清雅别致。适合丛植或列植观赏，但本种乳汁有剧毒，修剪时宜小心。

常见品种有：白酒杯花（*T. peruviana* ‘Alba’），花冠白色，喉部黄色；红酒杯花（*T. peruviana* ‘Aurantiaca’），花冠粉黄色，喉部橙红色。

黄花夹竹桃

白酒杯花

红酒杯花

20.槭叶瓶干树 *Brachychiton acerifolius*

锦葵科 Malvaceae	酒瓶树属 *Brachychiton*
俗名：澳洲火焰木、槭叶酒瓶树	英文名：Illawarra Flame Tree

半常绿乔木，主干通直，幼树干皮绿色。叶互生，幼叶卵形全缘或浅裂，成熟叶掌状，5～9深裂，革质。圆锥花序腋生，花小钟铃形或小酒瓶状，花被及花梗红色。蓇果，长圆状棱形，赤褐色，近木质。先花后叶或花叶同放，不同植株间落叶期不一致，花期3—7月。

原产于澳大利亚新南威尔士州。性喜温暖及干旱环境，喜肥沃、排水良好的土壤，极不耐水，不抗风，易受蚜虫、尺蠖、夜蛾等害虫侵袭。播种繁殖。

树形优美，树冠呈塔形，葱翠美观，花深红色，量多艳丽，花期长，一般可维持1个月至6周左右，极具观花价值。中国南方引种，但生长及开花效果未及原产地旺盛。

21. 黄槿 *Hibiscus tiliaceus*

锦葵科 Malvaceae	木槿属 *Hibiscus*
俗名：海麻、糕仔树	英文名：Sea Hibiscus

常绿小乔木，树冠圆形。叶心形，表面绿色，背面密被灰白色短茸毛。托叶叶状，早落，有长柄。花顶生或腋生，花黄色，花冠钟形，喉基部暗紫色。蒴果卵圆形。花期夏秋季。

原产于华南沿海及东南亚等热带地区。性喜高温高湿，生性强健，抗风力强，耐干旱与贫瘠，耐水湿、耐盐碱，生长快，移栽易成活。每年早春应修剪整枝，以保持株形。播种或扦插繁殖，可大枝扦插。

树冠圆伞形，枝叶茂盛，树冠宽广，花多色艳，花期长。在园林中可作遮阴树、高篱，海岸、水体防护林树种。木材坚硬致密，耐朽力强，材用；皮纤维作麻用；民间用其叶包裹粽饼，故又叫糕仔树。

22. 假苹婆 *Sterculia lanceolata*

锦葵科 Malvaceae	苹婆属 *Sterculia*
俗名：鸡冠木	

常绿乔木，高10 ~ 20米，树冠阔卵形。单叶互生，披针形，全缘。圆锥花序腋生，密集，分枝多；花小，杂性，无花瓣，花萼淡红色，5枚，分离，星状。蓇葖果星状排列，果皮成熟时呈鲜红色，革质。黑褐色种子，光亮。花果期几乎全年。

华南、西南地区广泛分布。喜温暖湿润气候，喜光耐阴，不耐寒，喜深厚湿润的壤土，不耐干旱，深根性，抗风性较强。在6—7月部分植株会落叶。播种繁殖。

树冠广阔，树姿优雅，枝叶浓密，果实艳红，十分夺目，易招引蝶类、鸟类。城乡绿化中常作景观树、遮阴树或行道树，非常适用于生态林。树皮纤维可作麻用。种子可食。

近缘种，苹婆（*S. monosperma*）叶大，花萼顶端互相粘合，如灯笼状。每串蓇葖果数量及每个果的种子数量较少，但种子较大，果实如板栗，可生食或煮食。

假苹婆（花）

假苹婆（果）

假苹婆（整株）

苹　婆

23. 白兰 *Michelia × alba*

木兰科 Magnoliaceae	含笑属 *Michelia*
俗名：白玉兰、白兰花、白缅桂、缅桂等	英文名：White Michelia

常绿大乔木，高达10 ~ 18米。托叶与叶柄贴生，叶柄上的托叶痕常短于叶柄的1/2。叶较大，叶面无毛，嫩枝叶揉碎有芳香。花白色，浓香，花被10枚，长条形，近同形，常不结果。花期4—9月。

原产于印度尼西亚，我国华南地区广泛栽培。喜光和温暖，喜酸性土壤，生长较快。不耐旱，怕涝，不耐移植。多用黄兰、火力楠、含笑等作砧木嫁接繁殖；空中压条或靠接繁殖。

花洁白清香、夏秋间开放，花期长，叶色浓绿，为著名木本香花植物，优良的园景树、庭荫树、行道树，或大型盆栽。花可提取香精或薰茶，可提制浸膏供药用，有行气化浊，治咳嗽等功效；鲜叶可提取香油，称“白兰叶油”，可供调配香精；根皮入药可治便秘。

近缘种，黄缅桂（*M. champaca*），俗称黄兰含笑、黄兰，半落叶乔木，叶粗糙，花淡黄色，香气甜润似桂花，易结果，果为大型的聚合蓇葖果，相比白兰，花期较晚且短，6—7月，常作为白兰的嫁接砧木。

白　兰

黄　兰

24. 木棉 *Bombax ceiba*

木棉科 Bombacaceae	木棉属 *Bombax*
俗名：英雄树、攀枝花等	英文名：Cotton Tree、Sill-cotton Tree

落叶大乔木，高可达25米。树干有瘤刺，随着树龄的增长，瘤刺逐渐减少；侧枝轮生。掌状复叶，互生，基部粗大；小叶5 ~ 7枚。花较大，花萼杯形，花瓣5片，肉质，多为红色，偶有橙红色、黄色。蒴果椭圆形，种子密被绵毛。先花后叶，花期春季，果期5月。

原产于我国华南地区、东南亚及澳大利亚，常分布于干热河谷及稀树草原。喜阳光充足、高温、湿润气候，耐干旱；抗风，抗大气污染。生长强健，移栽容易，在土壤瘠薄、黏重的地方生长不良。播种繁殖。

树形高大雄伟，花大色艳，灿烂耀眼，为著名的观花乔木。适宜作优良的园景树和行道树。花有消炎去肿之功效，为“五花茶”原料之一，可食用。种子可烤食或榨油。果实内的绵毛，是上等的绵料及枕垫材料。

25. 美丽异木棉 *Ceiba speciosa*

木棉科 Bombacaceae	吉贝属 *Ceiba*
俗名：美人树、美丽木棉、丝木棉	英文名：Floss-silk Tree

落叶乔木，高10～15米。树干下部膨大，幼树树皮绿色，着生瘤刺；侧枝轮生。掌状复叶，小叶5～9枚。花单生、顶生，淡紫红色，5瓣，带紫色条纹，近中心白色，后变黄。蒴果椭圆形，富有丝绵，内含种子数枚。秋冬季落叶开花，开花后保存树枝光秃几个月，到翌年3—4月后展叶，种子于翌年春季成熟。普通实生苗种8—9月始花，花期不一致；园艺栽培种11—12月开花，花期一致。

原产于南美洲的热带及亚热带地区。喜光，喜温暖湿润，喜土壤肥沃，生长迅速，3～5龄树可开花，不耐贫瘠和水湿。易受蛀干性害虫危害，导致树干流胶、干腐，用土壤消毒、树干涂药等方法进行综合防治。播种繁殖。优良品种用嫁接法繁殖，常以爪哇木棉、木棉为砧木。

盛开时满树繁花，花姿妍丽，鲜丽耀目，犹如樱花；树冠伞形，盛花时花多叶少，花期长达2个多月，为良好的行道树、园景树。棉絮柔软有弹性可用作填充材料。种子可榨油食用或工业用。

近缘种，白花异木棉（*C. Insignis*）花瓣初开时浅黄色，慢慢颜色变浅并有红色浸润，后变为白色。

美丽异木棉（栽培种）

美丽异木棉（实生种）

美丽异木棉（实生种）

白花异木棉

美丽异木棉

26.大花紫薇 *Lagerstroemia speciosa*

千屈菜科 Lythraceae	紫薇属 *Lagerstroemia*
俗名：大叶紫薇	英文名：Queen Crape Myrtle

落叶乔木，株高10～20米。树皮灰色，平滑。叶对生，长10～25厘米，长披针形，全缘。大型圆锥花序顶生，花大，淡紫色或紫红色，直径5～7厘米，花瓣6枚，皱折；花萼有明显槽；花蕊多数，黄色。蒴果球形，光滑，挂果期长。花期夏季，果期秋季。

原产于东南亚，我国华南地区广泛栽培。喜光，喜高温、湿润的环境，耐水湿、耐旱、耐贫瘠，喜生于石灰质土壤；幼年早期生长较快，后期生长变慢。树干易萌生侧芽，培养干直树冠丰满的植株，种植立支撑，抹去侧芽，或重剪主干重新抽发粗壮枝条。播种繁殖。

树冠开展，花大而美丽，叶色翠绿，冬季落叶前叶色变为黄色或橙红色，极富色彩之美，为优良的木本花卉，宜作园景树和行道树。木材坚硬，耐腐力强，色红而亮，木材可与柚木相比，为优良家具和建筑用材，也作水中用材。树皮及叶可降血糖、治疗痛风或作泻药；种子具有麻醉性；根含单宁，可作收敛剂。

栽培种，红花大花紫薇（*L. speciosa* 'Red'），花紫红，花序顶生，柱状，花朵密生。近缘种，南洋紫薇（*L. siamica*），叶大，矩圆形，幼时有锈色毛，大型圆锥花序顶生，花小而色淡，蒴果顶端密被茸毛，树皮斑驳脱落；劳氏紫微（*L. loudonii*），又名变色紫薇，下枝下垂，叶两面密被褐毛，叶背苍绿色。花冠较大，蓝紫色转白色，花瓣边缘不规则

大花紫薇

大花紫薇

大花紫薇

红花大花紫薇

劳氏紫薇

毛萼紫薇

细齿；毛萼紫薇（*L. balansae*），树皮光滑，间有绿色块状斑纹，块状脱落；叶较小，披针形，花较小，淡紫色。

27. 钟花樱 *Prunus campanulata*

蔷薇科 Rosaceae	李属 *Prunus*
俗名：钟花樱桃、绯樱、山樱花、福建山樱花、绯寒樱	

落叶乔木或灌木，株高3～4米。叶卵形，先端尾尖，边缘重锯齿。3～5朵花簇生叶腋，稍向下垂，花冠紫红色或粉红色，花冠5枚。核果卵圆形，长约1厘米。先花后叶，花期2—3月。

原产于浙江、福建、广东、广西等省（自治区），常分布在山谷林中及林缘。性喜温暖、干燥及向阳的环境。嫁接或播种繁殖。樱花类少见的耐热种，在南亚热带地区生长良好，其他品种的樱花多不耐热，夏天叶片稀疏，枝条干枯，生长不良。

花量大，颜色艳丽，早春开花，常用作观花景观树。果实可制蜜饯，木材可供雕刻。

28. 桃 *Prunus persica*

蔷薇科 Rosaceae	李属 *Prunus*
俗名：桃花、毛桃	英文名：Peach

落叶小乔木，株高4～5米。枝光滑，常流胶。叶披针形，先端渐尖，边缘细锯齿，纸质。花单生，先花后叶，花冠粉红色，5瓣。核果近球形。花期2—3月。

原产于我国西南、华中、华北等地。原种单瓣，较耐热，在南亚热带地区可正常生长。播种繁殖。

花姿柔美，花色艳丽，中国传统观赏花木。南亚热带地区庭园栽培，继以中国名花的传承，或作风水树以辟邪免灾，枝叶也可药用治疗皮肤病，而少作食用。

重瓣的碧桃（*P. persica* 'Duplex'）及多种花色等多种观花品种，及果树栽培的水蜜桃等品种，均不耐高温。

碧 桃

桃

桃

29. 大花茄 *Solanum wrightii*

茄科 Solanaceae	茄属 *Solanum*
俗名：木番茄	英文名：Potato Tree

常绿大灌木或小乔木。小枝及叶柄具刚毛与皮刺。叶互生，叶片大、常羽状半裂，叶面具刚毛状单毛。聚伞花序顶生，花梗与萼密被刚毛，花冠蓝紫色、渐褪至近白色。花丝短，花药粘合成簇、微弯。浆果球状。花期果几乎全年。

原产于南美玻利维亚至巴西，喜温暖湿润、喜阳光，耐热、耐旱、不耐寒。播种繁殖。

叶大花多，蓝白相间，绿果悬挂、素雅浪漫，花期长，是难得的蓝色木本花卉，用作庭园观赏。

30. 台湾鱼木 *Crateva formosensis*

山柑科 Capparaceae	鱼木属 *Crateva*
俗名：树头菜、鱼木	英文名：Crateva

落叶乔木或灌木，株高5～15米。嫩枝白色气孔明显。三出复叶，具长柄，小叶卵状，渐尖或长渐尖。伞房花序顶生，花两性，有长柄；花较大，花瓣4枚，叶状，薄，颜色渐变，白色到黄色渐变；雄蕊多数，花丝细长，黄色到紫色。浆果卵球形，黄褐色。花期3—7月，果期7—8月。

原产于台湾、广东、广西等地。易栽易长，根萌生力强，种子或扦插繁殖。

树形美观，花姿美丽，盛花时节犹如群蝶纷飞，引蝶诱蜂，适合观赏。木材可作乐器和细工用材；果含生物碱，可作胶黏剂，果皮可作染料。之所以称之为“鱼木”，一是其木质轻而坚实，沿海地区以前把其木雕刻成小鱼状，用之钓墨鱼；二是其枝叶有毒，用它来毒鱼。

近缘种，钝叶鱼木（*C. trifoliata*），又名赤果鱼木，叶尖钝，花小，果橙黄色。

台湾鱼木

钝叶鱼木

台湾鱼木

钝叶鱼木

31. 红花银桦 *Grevillea banksii*

山龙眼科 Proteaceae　　银桦属 *Grevillea*

俗名：贝克斯银桦、班西银桦

常绿小乔木或灌木，植株纤细开展。叶互生，叶不规则深裂，边缘反卷，叶背密被银白色茸毛。总状花序顶生，无花瓣，苞片卷曲下弯，花丝长而弧形伸出，鲜红色或奶白色。花开几乎全年，盛花期为11月至翌年5月。

原产于澳大利亚的昆士兰海滨。性喜高温、湿润、向阳的环境。性强健，耐干旱、贫瘠，抗污染力强。播种或扦插繁殖。

花形奇特，花色鲜艳，长年开花，可用于花境、道路绿带的上层树种或背景栽植。也可孤植或群植用于庭园美化。

园艺栽培品种较多，现多以低矮、紧凑、花期长为育种方向。常用的栽培种有红花银桦‘哥顿’(*G.*‘Robyn Gordon’)，花蕊红色，苞片乳黄色；红花银桦‘白花’(*G.*‘Superb’)，花丝与苞片均为乳白色。

红花银桦‘哥顿’

红花银桦

红花银桦‘白花’

32. 红花桉 *Corymbia ficifolia*

桃金娘科 Myrtaceae	伞房桉属 *Corymbia*

俗名：红冠桉、皱果桉

常绿乔木，高5～10米。树皮光滑，白色。叶革质光滑，披针形或长卵形，主脉1条明显白色，横行侧脉密。圆锥花序顶生，小花碗形，花被不明显，雄蕊多数，红色，放射状排列。蒴果坛状，有纵棱纹，种子多数。花期2—4月。

（摄影：方良）

原产于澳大利亚。我国华南地区引种栽培。性喜高温，耐干旱与贫瘠。扦插或播种繁殖。

树形婆娑，花形特别，盛开时满树繁花，非常壮观，耐贫瘠。可用于立地条件较差地段的观花与绿化。速生林用材。

33. 红花白千层 *Melaleuca viridiflora* 'Red-flowering paperbark'

桃金娘科 Myrtaceae	白千层属 *Melaleuca*
俗名：桃香木	英文名：Red-flowering Paperbark

常绿乔木或灌木，高10米。树皮灰白色，厚而松软，呈纸片状剥落。叶革质互生，披针形，两端尖，基出条形脉3～5，多3条；叶柄极短。穗状花序密集于枝顶，形如瓶刷，小花无花梗，花被不明显，雄蕊多数鲜艳，紫红色，放射状排列。木质蒴果。花期2—4月。

原产于澳大利亚，多生长于林地、小溪旁。澳大利亚凯恩市赠送我国5株红花白千层种植在湛江市中澳友谊花园内，生长良好。性喜高温，生性强健，抗风、耐旱、耐水湿，耐贫瘠与盐碱。扦插或播种繁殖。

树形挺拔，树姿婆娑，花量众多，花色鲜艳，耐盐性强。为较好的观花树种，特别适用于海边与水体近岸的绿化与美化。

中国引种较早的白千层（*M. cajuputi* subsp. *cumingiana*），乔木或大乔木，条形叶，三出纵脉，花白色，瓶刷状。互叶白千层（*M. alternifolia*），灌木或小乔木，叶针状线形，花白色，流苏缨状。

红花白千层

红花白千层（树干）

互叶白千层

白千层

34. 金蒲桃 *Xanthostemon chrysanthus*

桃金娘科 Myrtaceae	金缨木属 *Xanthostemon*
俗名：澳洲黄花树、金黄熊猫、黄金蒲桃	英文名：Golden Penda、Xanthostemon

常绿小乔或乔木。叶对生、互生或丛生枝顶，披针形，叶片暗亮绿色，新叶和秋冬季叶呈红褐色。叶搓揉后有番石榴气味。聚伞花序球形，顶生或枝梢叶腋开花，有时树干开花，无花瓣，只有明显的圆形萼片和花蕊，花丝金黄色；雌雄蕊伸长，初开时黄绿色，后转为金黄色。蒴果，雌蕊宿存。夏、秋至冬季开花，盛花期为每年11月到翌年2月，可多次开花。

澳大利亚特有种，原产南威尔士、昆士兰海岸的热带雨林。多生长在溪流边或河边潮湿地带。喜温暖潮湿，耐瘠薄，盐碱，可耐0℃以上的低温，喜阳，在强光下花色更为艳丽。开花较早，2～3龄树便可开花。播种繁殖。

良好的观花树种，成年树盛花期长，花球硕大，满树金黄，极为亮丽壮观，适宜作园景树、行道树，幼株可盆栽。易萌生侧芽，可作造型植物，作乔木栽培需及时去除主干萌枝。

35.复羽叶栾树 *Koelreuteria bipinnata*

无患子科 Sapindaceae	栾树属 *Koelreuteria*
俗名：国庆树	英文名：Goldenrain Tree

落叶乔木。枝具小疣点。二回羽状复叶，互生，很少对生，小叶9～17枚，纸质，斜卵形，边缘有细锯齿，叶面有毛。大型圆锥花序顶生，花瓣4枚，黄色，基部红色。蒴果苞片3枚合闭成气囊状，像纸折的小灯笼，幼果猩红色，老熟时褐色。花期7—9月，果期8—10月。

原产于我国南部。性强健，耐旱、抗风。播种繁殖。

树形高大，花穗金黄。果实猩红至褐色，颇为美艳，观果期正值国庆期间，又称国庆树。适合作园景树、行道树。木材可制家具；种子油工业用。根入药，有消肿、止痛、活血、驱蛔之功，亦治风热咳嗽，花能清肝明目，清热止咳，亦作黄色染料。

36.红花玉蕊 *Barringtonia acutangula*

玉蕊科 Lecythidaceae	玉蕊属 *Barringtonia*
俗名：水茄苳、细叶棋盘脚	英文名：Freshwater Mangrove、Itchytree、Mango-pine

半落叶乔木或小乔木，株高可达10米。干有瘤状突起。叶簇生枝顶，纸质，倒卵形，边缘有锯齿，波状，柄短，略带红色。穗状花序生于无叶的老枝上，下垂，长达70厘米；花瓣4枚，粉白色；雄蕊众多，花丝细长，红色。果卵圆球形，略呈四棱，似古代棋盘的桌脚。夏末秋初开花，秋冬结果。

原产于东南亚海滨至澳大利亚北部，通常在淡水江河或湖泊旁，形成特殊的河岸林相，素有"淡水红树林"之称。喜阳，性喜高温、高湿气候，耐水湿，耐干旱，抗大气污染。果皮富含纤维，能浮于水，可随洋流传播种子。叶、树皮及根含氢氰酸及皂素，对病虫害有较强抵御能力。

树姿优美，花序柔长，花量大，花朵别致，花丝放射状鲜红色，花芳香，花期长达半月之久，夜晚开花，白天落英片片。夏夜，微风习习，花序摇曳，清香拂面，沁人心脾，营造出梦般幻景。为优良的观赏花木，也是优良的庭园树、行道树。种子可榨油供食用或工业用油；木材致密，可材用；叶可药用，嫩叶作蔬菜食用。

红花玉蕊

红花玉蕊

红花玉蕊

棱果玉蕊

棱果玉蕊

玉　蕊

近缘种，玉蕊（*B. racemosa*），常绿乔木，叶较大，花序大型，长序长达80厘米以上，花有柄，花丝粉白，果实橄榄形。棱果玉蕊（*B. fusicarpa*）,大乔木，叶中型，叶基部楔形，无花梗，花丝粉白，果梭形。

37. 黄花风铃木 *Handroanthus chrysanthus*

紫葳科 Bignoniaceae	风铃木属 *Handroanthus*
俗名：巴西风铃木、黄钟木	英文名：Gold Trumpet Tree

落叶乔木，高6～12米。树干深纵裂，树冠圆伞形。掌状复叶对生，小叶4～5枚，倒卵形，厚纸质全缘，疏锯齿，被褐色细茸毛。花黄色，花冠漏斗状、风铃状，皱曲，完全展开。蓇葖果长条形，被厚茸毛，种子轻薄，具翅。花期2—4月，开花受干旱影响可多次开花。

原产于南美洲，南回归线以上的热带地区，巴西国花，委内瑞拉国树。喜温暖、湿润、全阳光、土壤肥沃的环境。生性强壮，耐旱、耐水、耐贫瘠，无严重的病害虫。播种繁殖。

开花早，幼年树即可开花，开花时无叶，或几乎无叶，花色明亮，花朵众多，花团成簇，是良好的木本观花植物。可群植、列植或孤植作为景观树种。木质坚硬，为优良用材，商品名为重蚁木。在原产地，木材提取液药用，能治疗多种疾病。

黄金风铃木

黄花风铃木

毛黄钟花

黄花风铃木（果）

毛黄钟花（果）

易混淆种，毛黄钟花（*H. chrysotrichus*），园艺俗称少花黄花风铃木，其叶薄纸质少毛，果光滑无毛，中文名与其特征不太吻合。干纵裂，叶边缘多锯齿，花冠不完全展开，始花年限长，开花时花量少。粉铃木属的黄金风铃木（*Tabebuia aurea*），又名银鳞风铃木，半常绿乔木，株高5～6米。叶光滑，革质，叶面被银白色鳞痂，叶尖钝或凹。花黄色，花叶同放。

38. 紫花风铃木 *Handroanthus impetiginosus*

紫葳科 Bignoniaceae	风铃木属 *Handroanthus*
俗名：粉红铃花、红花风铃木、阿根廷风铃木	英文名：Lavender Trumpet Tree

落叶乔木，掌状叶，小叶3～7枚，常5枚，小叶长椭圆形，质薄，光滑，叶缘细锯齿或全缘，渐尖至尾尖。花喇叭状，粉红色、红色或紫红色，喉部黄色，花瓣边缘皱折，花常簇生成团，蓇荚果，长条形，光滑。花期从12月到翌年2月。

紫花风铃木

紫花风铃木（全株）

粉花小号树

洋红风铃木

洋红风铃木（全株）

原产于南美洲。喜温暖、湿润、全阳光、土壤肥沃的环境。无严重的病虫害，不抗风，枝条易被风劈裂，需种植在避风处。播种繁殖。

幼年树即可开花，树龄为2年树就始花。开花时几无叶，花朵众多，成团成簇，姹紫嫣红，甚是壮观，可孤植作为观花景观树。木质坚硬，为优良木材，商品名为重蚁木。在原产地，木材提取液药用，能治疗多种疾病。

粉花小号树（*H. heptaphyllus*），落叶小乔木，花紫红色，较小，花柄及花管较长，花期2—3月。近缘种，洋红风铃木（*Tabebuia rosea*），又名掌叶黄钟花、粉花风铃木、巴拉圭风铃木、玫瑰风铃木，常绿或半常绿树种大乔木。树皮灰白色，树冠开阔，二歧分枝，圆锥花序大而顶生，花簇生，粉红、洋红、淡红色至白色，带深红色条纹，开花较晚，早期花叶同放，老树先花后叶，花期3—4月。

39. 蓝花楹 *Jacaranda mimosifolia*

紫葳科 Bignoniaceae	蓝花楹属 *Jacaranda*
俗名：紫云木、蓝雾树	英文名：Jacaranda、Mucakaranda、Fern Tree

落叶乔木，株高7～15米。树皮薄，灰褐色。其形态与凤凰木相似，叶细小如同蕨叶，二回偶数羽状复叶，羽片通常在16对以上，顶端的1枚明显大于其他小叶。圆锥花序顶生，花冠筒状，5裂，蓝紫色。蒴果木质，扁平，黑褐色，种子多数，带翅。花期春末至夏季，约2个月。

原产于南美洲。喜温暖、干燥气候及深厚肥沃的中性或酸性土壤。成年树能耐−7℃的低温，不抗风，不耐涝，热带亚热带干旱地区栽培生长良好。易萌生侧枝，每年春季修剪整枝1次。播种、扦插、组织培养繁殖。

株形优美，花繁多，盛开时串串紫蓝，幽美绮丽，边开边落，落英铺地，犹如紫色地毯，适作庭园树、行道树。木材为优良的雕刻工艺用材。在我国西南喀斯特地貌地区用其叶作为紫色染料。

40. 火烧花 *Mayodendron igneum*

紫葳科 Bignoniaceae	火烧花属 *Mayodendron*
俗名：火花树、缅木	

常绿乔木，高达15米。大型二回羽状复叶，对生；小叶卵形，全缘。短总状花序，花5~13朵，着生于老茎或侧枝上。花冠筒状，橙黄色至金黄色。蒴果长条形，下垂；种子具膜质半透明的翅。花期2—9月，果期5—10月。

分布于广西、广东、云南及台湾。常生于干热河谷，低山丛林，喜高温、高湿和阳光充足的环境，能耐干热和半阴，不耐寒冷。播种繁殖。

火烧花一般先开花后发叶，典型的老茎生花，花朵形如小喇叭，橙黄色。可作园林景观树。花可作蔬食，树皮入药可治疗腹泻等。

41.火焰树 *Spathodea campanulata*

紫葳科 Bignoniaceae	火焰树属 *Spathodea*
俗名：火焰木、火烧花、喷泉树、苞萼木	英文名：Fountain Tree、African Tulip Tree

常绿乔木，高可达20米；树干光滑、灰白。奇数羽状复叶，对生，小叶4～9对，叶片椭圆形至倒卵形，叶粗糙、全缘，小叶背部近中脉处有2～3个黄色腺体；小叶柄短或几乎无。圆锥花序顶生，花大型、钟状，花形似郁金香，橙红色，边缘波状金黄色，如火焰一般。花萼管状上弯，花芽时充满水分。蒴果长条形，种子具阔翅。花期2—5月。

原产于撒哈拉沙漠以南的热带非洲。性喜高温，阳光充足，较耐旱，生长较快，移植容易。播种繁殖，也可用扦插繁殖。

花大艳美，花期长，艳红似火，冠形优美，适合园林绿化观赏，为珍贵热带木本花卉和园林风景树。花朵内储存的水分可供游人饮用，也称“泉水树”。

二、观花灌木

灌木是指主干不明显，呈丛生状态，比较矮小的树木，园林上也叫花灌木，包括观花灌木、观叶灌木和观形灌木等。观花效果明显的灌木为观花灌木。一些枝条蔓性不强，可独立直立生长，枝条伸长后呈藤本蔓状，枝条可依附支持物生长的蔓性灌木，常作灌木状栽培的种类，在此书中把它归入灌木类，如三角梅、冬红、黄钟花等。

适应南亚热带地区种植物的花灌木种类繁多，其中茜草科、豆科、紫茉莉科、锦葵科等种类较多，重要的观花灌木如三角梅、龙船花、朱槿、茶花等的变种及栽培种特别丰富。

观花灌木具有生命周期长、管理粗放、养护成本低的特点，是南方园林应用最为广泛的观花植物。它作为园林绿化空间结构的中间层，是营造各类花境、花带、花坛及花径的良好用材，适合于公园、道路、庭园、湖滨、溪流等园林布置，也可用于盆栽观赏。应用形式有灌木丛、灌木球、造型植物、花篱、地被、盆栽等，通过高低错落的植物配置，不同的色块、色带及造型，形成丰富的观花植物景观。开花期可赏花，非开花期赏叶。耐阴观花灌木可布置在乔木的下层，极大地丰富绿地结构和园林景观。

观花灌木的主要种植方式有孤植、丛植、列植和片植。自然形态好或通过修剪保持良好形态的观花灌木，可进行孤植，布置在绿地、庭园、景点的重要位置，作为主景植物欣赏，如三角梅、紫薇、山茶花等。丛植是观花灌木最常应用的形式，常几株成丛、成团或自然零散的布置在草坪、林缘、角隅、路边或道路交叉口等处的花境、花坛等，如红纸扇、朱槿、朱缨花等。一些耐修剪、生长开花较一致的花灌木常列植，可用作分车带、景观带、立交桥景观、花篱、花墙等，如龙船花、三角梅等。一些顶端开花、株形较小的观花灌木，多采用片植的种植方式，片植能够形成大面积的开花地被、色块景观如龙船花、杜鹃花等。

通过修剪或其他技术处理可以促使观花灌木常年开花。修剪能够有利于植株保持整齐、生长旺盛，更能促进其长久开花。修剪多在开花之后进行，以疏枝整形为主，截短过旺枝，疏除过密枝、交叉重叠枝、病弱枝，保留下部萌发的幼嫩枝，促进萌发新枝，从而保持良好的株形，达到旺盛生长长久开花的目的。一些盆栽或容器栽培的观花灌木，通过水分控制或植物生长剂调节也能达到控制花期目的。

1.蓝花丹 *Plumbago auriculata*

白花丹科 Plumbaginaceae	白花丹属 *Plumbago*
俗名：蓝雪花	英文名：Cape Leadwort、Plumbago

常绿柔弱灌木，株高1～2米。幼苗时枝条直立，后期悬垂。单叶互生，叶薄，菱状卵形，叶柄基部具叶耳，全缘。伞形穗状花序顶生或腋生，萼筒状，外着生毛状腺体；花冠高脚碟状，5片，浅蓝色，花瓣中央有深紫纵纹，花柱异长。蒴果。花期几乎全年，但主要集中于11月至翌年5月。

原产于南非，性喜温暖，耐热，喜光照，稍耐阴，中等耐旱，植株老化时重修剪。可用种子、扦插及分株繁殖。

花蓝色，柔美优雅，花期长，是优良观花灌木、观花地被或垂吊植物，用于庭园欣赏。花开时最能吸引蝴蝶，是招蝶诱鸟良好的植物。植株可药用，可治疗疣、破伤风等，也可作催吐剂。

近缘种，紫花丹（*P. indica*），俗名红花丹，花红色，穗状花序，花姿妩媚，秋冬季节开花，抗寒性较弱，表现良好；白花丹（*P. zeylanica*），华南原产，花白色，滨海地带野生。

蓝花丹

紫花丹

白花丹

2. 矮紫金牛 *Ardisia humilis*

报春花科 Primulaceae	紫金牛属 *Ardisia*

英文名：Low Shoebutton

常绿灌木，株高1～2米。茎粗壮，除侧生特殊花枝外不分枝。叶倒卵形，基部楔形，革质，全缘，叶柄粗壮。圆锥花序顶生，花瓣粉红色或红紫色，无或有腺点。果球形，暗红色至紫黑色。花期3—4月，果期11—12月。

原产于我国广东徐闻及海南。喜温暖，忌高温干燥。播种、分株或扦插繁殖。以富含有机质的沙质壤土、腐殖质土为佳，排水需良好。开花及果熟季节红艳美观，适合庭园美化或盆栽。树皮含单宁，亦供药用，煎水服治头痛、便血等症。

本属植物约300种，我国68种，多为药用植物，对跌打、风湿、痨咳及各种炎症有良效。用作观赏种还有：观花的东方紫金牛（*A. elliptica*）与密鳞紫金牛（*A. densilepidotula*），观果的朱砂根（*A. crenata*）。

矮紫金牛

矮紫金牛

东方紫金牛

朱砂根

密鳞紫金牛

密鳞紫金牛

3.爆仗竹 *Russelia equisetiformis*

车前科 Plantaginaceae	爆仗竹属 *Russelia*
俗名：炮仗竹、吉祥草、爆仗花	英文名：Firecracker Plant

常绿披散形亚灌木，高可达1米。茎枝纤细下垂，绿色，在节处丛生，分枝多。叶常退化成小鳞片状，看似无叶，节间偶有狭披针形或线形叶。聚伞花序顶生，花冠长筒形，红色，先端不明显二唇形。花期几乎全年，6—10月较盛。

原产于中美洲地区。性喜温暖湿润、日照充足的环境，耐干旱。分株繁殖。

在纤细下垂的枝条上长筒状花朵成串相连，犹如细竹上挂的鞭炮，甚是优美与喜庆。宜植于坡地、路边、花坛等近距离庭园观赏，也可盆栽。

4. 重瓣臭茉莉 *Clerodendrum chinense*

唇形科 Lamiaceae	大青属 *Clerodendrum*

俗名：臭牡丹

常绿灌木，高约1.2米。叶对生，卵形，先端渐尖，基部平截，疏生粗齿，上面被糙伏毛，叶背密具盾伏腺体。圆锥花序球形顶生，花冠白、淡红，雄蕊常花瓣状形成重瓣，有香味。花期夏秋季。

原产于华南及西南地区。喜温暖湿润气候，喜光，耐半阴，耐水湿，不耐干旱。用扦插或分株繁殖。

常作林下野生观花地被。根药用，治风湿。

单瓣种，臭茉莉（*C. chinense* var. *simplex*），花单瓣，花瓣5枚，白中带粉，雄蕊较长，伸出。

重瓣臭茉莉

臭茉莉

5.赪桐 *Clerodendrum japonicum*

唇形科 Lamiaceae	大青属 *Clerodendrum*
俗名：状元红	英文名：Glorybower、Java glory bower、Pagoda flower

蔓性常绿灌木，枝四棱。叶对生，圆心形，深绿色，叶背密具腺体。大型圆锥花序顶生或腋生，花冠高脚碟状，鲜红色，花丝突出其外，花期夏秋季。

原产于我国南部，常生于山谷、溪边或疏林。喜温暖湿润气候，喜光，耐半阴，耐水湿，不耐干旱，培养土保持湿润有助生长。扦插或分株繁殖。

常作林下野生观花地被。全株药用，有祛风利湿、消肿散瘀的功效。

近缘种，宝塔赪桐（*C. paniculatum*），也叫圆锥大青，圆锥花序塔形，顶生，绯红色。

赪　桐

宝塔赪桐

6.烟火树 *Clerodendrum quadriloculare*

唇形科 Lamiaceae	大青属 *Clerodendrum*
俗名：星烁山茉莉、烟火木、紫叶假马鞭	英文名：Fireworks Flower

常绿灌木或小乔木，株高1～2米。幼枝方形，墨绿色。叶对生，长椭圆形，先端尖，全缘或锯齿状波缘，厚纸质，叶正面绿色，叶背暗紫红色。花顶生，聚伞状圆锥

花序，小花多数，花冠细高脚杯形，长针状，花管紫红色，先端5裂，裂片白色。花期6—11月。

原产于菲律宾、太平洋群岛等地。生命力极强，不择土壤，且抗病虫害。扦插繁殖，亦可用根分蘖繁殖，分蘖小苗翌年即可开花。

花姿奇特雅丽，花形宛如繁星闪烁，亦似团团喷发的烟火，花期长，绿化美化栽植或用于园林观赏。植株具有药用价值，根具有舒肝理气、益肾强精、养胃和中、补血调经等功效，主治肝气不舒、脘腹涨满、月经不调等症。

7.垂茉莉 *Clerodendrum wallichii*

唇形科 Lamiaceae	大青属 *Clerodendrum*
俗名：垂枝茉莉、黑叶龙吐珠	英文名：Bridal Veil

常绿灌木，株高3米。幼枝有棱。叶对生，披针形，先端渐尖，全缘或不规则波缘。聚伞状圆锥花序项生，穗状下垂，花冠白色，5裂。花期春夏季。

原产于喜马拉雅山。生命力极强，中性，偏阳性。性喜高温、湿润、向阳至荫蔽的环境。植株易老化，需定期修剪。播种、扦插繁殖。

花序下垂，洁白淡雅，摇曳优美，常作庭园美化、大型盆栽。

8. 冬红 *Holmskioldia sanguinea*

唇形科 Lamiaceae	冬红属 *Holmskioldia*
俗名：帽子花、阳伞花	英文名：Chinese Hatplant

常绿蔓性灌木。枝条披散、倒垂，小枝四棱形，具四槽。叶对生，卵形，叶缘有锯齿。总状花序，每小花序有2～4朵小花；花萼圆碟形，大而明显，橙红色；花冠长漏斗形，砖红色或橙红色，自花萼中央伸出，五裂。核果球形，包藏于宿存、扩大的花萼内。花期冬末春初。

原产于喜马拉雅山南坡、东南亚。喜光，喜温暖、多湿气候，不耐寒。扦插繁殖。每年春季整枝修剪1次。

本种植株柔细披散，花色浓艳，花萼扩展形似帽檐，形态别致，适作园景树，可栽作绿篱、拱门或盆栽。

同科花形近似种，粉苞冬红（*Karomia speciosa*），茎纤细，直立，苞片粉紫色，花瓣紫色。

冬　红

粉苞冬红

粉苞冬红

9. 蓝蝴蝶 *Rotheca myricoides*

唇形科 Lamiaceae	三对节属 *Rotheca*
俗名：乌干达桢桐	英文名：Blue Butterfly、Blue Glory

常绿灌木，高1～1.5米。茎干幼枝方形，紫褐色。叶对生或3叶轮生，倒卵形，叶缘上半段有浅锯齿，下半段全缘。圆锥花序顶生，花冠形似蝴蝶，花瓣完全平展，两侧对称，4条雄蕊细长弯曲。唇瓣蓝紫色，花色从蓝白、浅蓝到紫色，少见结果。花期几乎全年。

原产于非洲。喜温暖、湿润的环境，全阳光及半阴，都能生长。植物生长较快，易老化，株型松散，需定期修剪。扦插繁殖。

花形别致，花姿优美，盛开时似蝴蝶翩翩起舞，极富观赏性，可用于庭园美化或盆栽欣赏。

近缘种，音符花（*R. microphylla*），原产于非洲，花管长而柔弱，花蕾时前端弯曲膨大，形如五线谱上的音符，花夜晚开放，早晨凋谢，如奏小夜曲；近似种，粉蝴蝶（*Clerodendrum mastacanthum*），大青属，花形与蓝蝴蝶相似，叶对生，非3叶轮生，花瓣粉白。

蓝蝴蝶

蓝蝴蝶

音符花

粉蝴蝶

10. 红穗铁苋菜 *Acalypha hispida*

大戟科 Euphorbiaceae	铁苋菜属 *Acalypha*
俗名：狗尾红、长穗铁苋	英文名：Fox Tails、Chenille Plant

常绿灌木，枝条半蔓性，株高50 ~ 80厘米。叶互生，卵形，先端尖，两面具毛，边缘具细锯齿。雌雄异株，雌花穗状，下垂，长20 ~ 40厘米，具茸毛状光泽，鲜红色；雄花序未见。花期春至秋季。春末至夏、秋季皆能开花。

原产于印度、缅甸。性喜高温，全日照、半日照生长均能适应，喜含有机质丰富、排水良好的沙质壤土。扦插繁殖。

红穗铁苋菜

猫尾红

长长的穗状花序下垂，鲜红明艳，且有茸毛般光泽，质软、犹如长长的狗尾，甚为奇特美观，适合作为庭园美化或大型盆栽。

近缘种，猫尾红（*A. reptans*），蔓性，柔弱，花序直立，红色，常作地被栽培。

11. 铁海棠 *Euphorbia milii*

大戟科 Euphorbiaceae	大戟属 *Euphorbia*
俗名：虎刺梅	英文名：Crown of Thorns

低矮灌木，多刺。茎褐色有棱，长满棘刺，茎内含有毒乳汁；叶常只生在嫩枝上，老枝无叶。花外的总苞花瓣状，鲜红色。蒴果扁球形。花几乎全年，少见结果。

原产于马达加斯加。我国华南广为栽培。喜阳光充足、高温、少湿的气候；极耐干旱，耐瘠薄。极易扦插成活。

本种株形美观，繁花点点，花色鲜艳，可用于庭园、花坛美化，岩石花卉。

12. 一品红 *Euphorbia pulcherrima*

大戟科 Euphorbiaceae	大戟属 *Euphorbia*
俗名：圣诞红、猩猩木	英文名：Poinsettia、Christmas Flower

灌木，全株含乳汁，茎光滑，中空，全株有乳汁。叶被柔毛。花较小，具多数披针形苞叶，苞叶有红、黄、白等色。果三棱状圆形。自然花期12月至翌年1月。

原产于墨西哥及中美洲。我国大部分地区有栽培。喜阳光充足、温暖气候；宜湿润、肥沃、排水良好的中性偏酸土壤。短日照花卉，控制光照长短，来调节花期。扦插繁殖。

花苞片色彩鲜艳，为主要的观赏部位，花期长，花期正值春节。已培育出大量的栽培品种，是用量最大的热带盆栽花卉之一，也可植于花坛、庭园等处以增添喜庆气氛。

13.变叶珊瑚花 *Jatropha integerrima*

大戟科 Euphorbiaceae	麻疯树属 *Jatropha*
俗名：琴叶珊瑚、琴叶樱、日日樱	英文名：Jatropha

常绿灌木，高1～2米，有乳汁。单叶互生，倒阔披针形，常丛生于枝条顶端，渐尖，叶面为浓绿，下面带红色。聚伞花序顶生，花小，花瓣5片，花冠红色；单性花，雌雄同株。蒴果，黑褐色。全年均可开花。

原产于西印度群岛，喜光，喜高温湿润气候，不甚耐寒。扦插繁殖。

本种花期长，每一朵花开放持久，全年均可见花，夏秋季花开最盛。宜在庭园中成片栽植。植物乳汁有毒，误触会引起发痒或水泡。

栽培种，花叶变叶珊瑚花（*J. integerrima* ‘Variegata’），叶具白色带红色花纹。近缘种，红珊瑚（*J. multifida*），近肉质茎，具乳汁，叶掌状；佛肚树（*J. podagrica*），茎肉质，矮小，茎部膨大，叶盾状。

变叶珊瑚花

佛肚树

红珊瑚

花叶变叶珊瑚花

14.珍珠相思 *Acacia podalyriifolia*

豆科 Fabaceae	金合欢属 *Acacia*
俗名：银叶金合欢、珍珠金合欢、珍珠合欢	英文名：Pearl Wattle

常绿灌木到小乔木。主干不明显，叶互生，幼叶叶片状，银灰色，成年叶退化成叶柄状，先端具尾状钩。头状花序顶生或腋生，花金黄色，具香气。荚果扁平。花期12月下旬到翌年3—4月。

原产于澳大利亚，性喜阳光充足、温暖干燥气候，能耐−7℃的低温。喜排水良好的土壤，耐贫瘠与干旱。植株不抗风，易老化，多年生长植株易枯枝，甚至死亡。

银叶金合欢极具特色，幼叶色泽明快，银灰色，优良的色叶植物，成熟叶灰绿色；盛花时节，满树金黄，鲜艳夺目，清香宜人，非常壮观。适宜种植在草坪、庭院或道路绿化带，用作观花及色叶景观树。因其生长迅速并有固氮作用，也常作用荒山绿化、固土护坡的先锋防护树种。

15.嘉氏羊蹄甲 *Bauhinia galpinii*

豆科 Fabaceae	羊蹄甲属 *Bauhinia*
俗名：橙花羊蹄甲、南非羊蹄甲	英文名：Pride of De Kaap

常绿攀援状灌木，枝条细软平展，冠幅常大于高度。小枝无卷须；单叶，坚纸质，先端2浅裂，达叶长的1/5 ~ 1/2，裂片顶端钝圆。聚伞花序伞房状，花萼开花时向外反折；花瓣有红色、橙红或粉色，倒匙形；能育雄蕊 3 枚，退化雄蕊 7 枚；荚果长圆形，种子扁平。花期4—11月，果期7—12月。

原产于南非。性喜温暖及阳光充足的环境，肥沃的沙壤土生长良好。耐炎热、耐干旱及贫瘠土壤，但不耐寒。深根性树种，易栽培难移栽。播种或扦插繁殖。

其树形美观，枝繁叶茂，四季常绿，花色为罕见的砖红色，花期长、花量大，是一种观赏价值较高的园林植物，非常适合屋顶绿化、坡面下垂植物、观花地被和岩石花卉。花可药用或食用。

16. 朱缨花 *Calliandra haematocephala*

豆科 Fabaceae	朱缨花属 *Calliandra*
俗名：红绒球、美蕊花、美洲合欢	英文名：Stickpea

常绿灌木或小乔木。二回羽状偶数复叶，羽片1对，小叶片5～7对，翠绿色，初生嫩叶红色。头状花序腋生，花丝深红色。冬秋季节开花。

原产于热带美洲地区。喜温暖、高温湿润气候，喜光，耐荫蔽，对土壤要求不高，耐修剪，耐盐碱，抗大气污染。花败后常挂树上不落，略显衰败感，需经常修剪保持株形及刺激开花。播种或扦插繁殖。

花序聚合成一个可爱的绒球，鲜艳夺目，花期长，为优良的木本观花植物，宜于园林中孤植、丛植，又可作绿篱和道路分隔带栽培，适用于沿海地带绿化。

近缘种，苏里南朱缨花（*C. surinamensis*），又名粉扑花，落叶小乔木，小叶片8～12对，花序小，花丝更长，花粉色；红粉扑花（*C. tergemina* var. *emarginata*），灌木，小叶片1～2对，花序小，花深红；危地马拉朱缨花（*C. calothyrsus*），又名宝塔朱缨花，小乔木，羽状15对，小叶30～50对，聚伞圆锥花序，花丝长，色鲜红。

朱缨花

粉扑花

危地马拉朱缨花

红粉扑花

17. 洋金凤 *Caesalpinia pulcherrima*

豆科 Fabaceae	云实属 *Caesalpinia*
俗名：金凤花	英文名：Pride-of-Barbados

落叶灌木，高可达 3 米。枝粉绿色，有疏刺。二回羽状复叶，羽片4 ～ 8对，小叶7 ～ 11对，长椭圆形。总状花序顶生或腋生；花瓣圆形具柄，橙红色，边缘呈波状皱折；雄蕊两倍长于花冠，伸展。荚果近长条形，扁平。花期长，整个夏秋。

原产于热带美洲，可能为西印度群岛。喜阳光充足，喜高温湿润，微耐阴，耐热，不耐寒。易老化，种植久的植株参差不齐，需注意修剪。播种繁殖。

树姿轻盈婀娜，花如蝴蝶，耀眼闪亮，为热带良好的观花灌木，适于花境配植，篱垣美化，也是良好的蜜源植物，可招蜂引蝶。种子可榨油及药用，根、茎、果均可入药。

栽培种，黄洋金凤（*C. pulcherrima* ‘Flava’），花瓣黄色；绯蝴蝶（*C. pulcherrima* ‘Pink Poinciana’），俗称红金凤，花瓣红色，偶有黄边。

洋金凤

洋金凤

黄洋金凤

红金凤

18. 美丽胡枝子 *Lespedeza thunbergii* subsp. *formosa*

豆科 Fabaceae	决明属 *Senna*
俗名：翅荚槐、翅果决明	英文名：Candlebush、Candlestick Senna、Christmas Candle

落叶灌木，高1～2米。多分枝，枝伸展，被疏柔毛。托叶线形，小叶椭圆形，两端

稍尖，上面绿色，下面淡绿色。花单腋生，花梗短，花冠红紫色，蝶形。果荚表面具网纹被疏柔毛。花期7—11月，果期9—12月。

原产于我国中南部。喜光，喜温暖湿润气候，生性强健，耐干旱与瘠薄，耐修剪。

株形飘逸，繁花不断，适应性强。适于用作观花灌木，防护地被点缀。良好的蜜源植物，药用可治疗泌尿系统疾病。

19. 翅荚决明 *Senna alata*

豆科 Fabaceae	决明属 *Senna*
俗名：翅荚槐、翅果决明	英文名：Candlebush、Candlestick Senna、Christmas Candle

落叶灌木，高1～1.5米。枝粗壮，绿色。叶柄和叶轴有狭翅；托叶三角形。花序顶生和腋生立直向上，具长梗，单生或分枝，花蕾被黄色的膜质苞片所覆盖，花瓣黄色。果荚圆柱形，具翅，故得此名。夏季至翌年1月开放，果期9月至翌年2月。

原产于美洲热带地区。喜光，喜高温湿润气候，生性强健，耐干旱，植株易老化，造成破败感，每年秋冬季节需修剪。播种繁殖，第二年开花。

花顶生，色彩明黄，艳丽明快，花期长，常用作观花地被或灌木丛，唯其景观寿命较短。叶可用作缓泻剂，种子有驱蛔虫之效。

20. 双荚决明 *Senna bicapsularis*

豆科 Fabaceae	决明属 *Senna*
俗名：双荚槐、金边黄槐	英文名：Christmas Bush、Glossy Shower Senna

落叶灌木，树高1～2米。偶数羽状复叶3～4对，小叶翠绿色，有特殊的黄色边缘，故亦称“金边黄槐”。伞房式总状花序顶生，多生于小枝的先端，花瓣黄色，5枚，平展开放；荚果圆柱形，果实成熟后悬挂于树上且不裂开，种子二列。盛花期秋冬季，果熟11月至翌年1月。

原产于热带美洲。喜光，喜高温湿润气候，不耐干旱，不耐寒，喜肥沃的沙质土壤。前期生长较好，种植3～5年后开始老化、死亡。播种及扦插繁殖。

优良的观花灌木，花色金黄，颜色亮丽，盛花期间，繁花似锦，灿烂夺目。生长快，幼龄开花，一年生苗即开花。种子可入药。

21. 杜鹃花 *Rhododendron simsii*

杜鹃花科 Ericaceae	杜鹃属 *Rhododendron*
俗名：映山红	英文名：Rhododendron

落叶灌木。多分枝，叶椭圆形，叶背灰白色，密被糙毛。花簇生枝顶，花冠阔漏斗形，鲜红色或暗红色，5裂，裂片具深红色斑点；雄蕊10枚，与花冠等长，雌蕊花柱长，

伸出花冠外。蒴果，花萼宿存；种子细小具薄翅。自然花期4—6月，南亚热带地区栽培多在春季开花。

原产于我国中南、西南地区，为典型的酸性土指示植物。喜半阴，忌暴晒，要求凉爽湿润气候，通风良好环境，土壤以疏松、排水良好、酸性土壤为佳，忌石灰质、黏土和过湿的土壤，较耐瘠薄干燥。

杜鹃花宜丛植于林缘、溪旁、池畔、岩边、缓坡、草坪，也宜作为花篱和花境材料。

杜鹃花为“花中西施”，中国十大名花之一，种类繁多，约960种，主要分布于东亚和东南亚，我国约542种。杜鹃属植物容易种间杂交，大量的杂交种不断被育出，观赏价值胜于野生种。经过不断地杂交培育，已有大量的栽培品种出现，花色丰富，花形多样，单瓣或重瓣。南亚热带低海拔地区种植杜鹃，夏天表现不良，冬季较好。种植较多的品种，锦绣杜鹃（*R.* × *pulchrum*），花紫红色；粉红杜鹃（*R. mucronatum*‘Akemono’）；白杜鹃（*R. mucronatum*）；西洋杜鹃（*R. hybrida*），俗称比利时杜鹃，多重瓣，花色多种，四季开花，多用于年宵花卉盆栽。

杜　鹃

锦绣杜鹃

粉红杜鹃

西洋杜鹃

22. 鹰爪花 *Artabotrys hexapetalus*

番荔枝科 Annonaceae	鹰爪花属 *Artabotrys*
俗名：鹰爪	英文名：Fragrant Tall Grape

常绿攀援灌木，高可达4米。单叶互生，叶光滑，阔披针形。花序梗钩状，着花1～2朵，花淡绿色或淡黄色，芳香。果卵圆状，顶端簇生，花期5—8月，果期8—12月。

原产于东南亚，我国热区偶见栽培。喜光，稍耐阴，耐瘠薄，不耐寒，忌涝。播种或扦插繁殖。

为少见的黄绿色花，花香，花果奇特，常栽培于公园或屋旁，可作棚架植物，也可与假山石配植，以增加山林野趣。可提取香精，用于化妆品或茶饮。根可药用，治疟疾。

同科相似种，假鹰爪（*Desmos chinensis*），为假鹰爪属植物，花小，原产于中国，果为串珠状，果熟时有黄、红、紫多色，非常可爱。

鹰爪花

鹰爪花

假鹰爪

假鹰爪

23. 沙漠玫瑰 *Adenium obesum*

夹竹桃科 Apocynaceae	沙漠玫瑰属 *Adenium*
俗名：天宝花	英文名：Desert Rose

落叶肉质小灌木。茎基部肥厚肉质，有白色乳汁，枝条粗短。花大，漏斗形，花冠筒状外部有细茸毛；花色有桃红、深红、粉红或粉白等多个园艺品种。初夏至秋季均有花开。种子有白色柔毛，可助其飞行散布。

原产于非洲东部、阿拉伯半岛，因原产地接近沙漠且红如玫瑰而得名。性喜温暖、喜阳光充足，耐旱忌涝。喜生于排水良好沙质壤土，用扦插、嫁接或播种繁殖。

盛花时叶片已落，冠形优美，花色艳丽迷人，为盆栽上品，庭园点缀或岩石花卉。植株含有强心苷毒素，原产地居民用它来狩猎或毒鱼，外敷可治疮疖肿痛。

沙漠玫瑰（粉红）

沙漠玫瑰（大红）

沙漠玫瑰（深红）

沙漠玫瑰‘梦幻’（红黑重瓣）

沙漠玫瑰(浸染重粉)

沙漠玫瑰（银边重粉）

24. 黄蝉 *Allamanda schottii*

夹竹桃科 Apocynaceae	黄蝉属 *Allamanda*
俗名：硬枝黄蝉	英文名：Bush Allamanda

直立或半直立常绿灌木。叶片常3 ~ 5枚轮生，椭圆形或矩圆形，先端尖锐；叶面深绿，两面中脉明显，全缘或有波状缘。花冠漏斗状，鲜黄色，中心有橙褐色条斑。蒴果球形，密被长软刺。春末至秋季开花。

原产于巴西。性喜高温高湿、阳光充足环境及排水良好的沙质壤土。生性强健，耐热、耐旱、不耐寒。植株易老化，每年春季重修剪，重施肥。播种或扦插繁殖。

花大形黄色，清黄妩媚，花量繁多，适合丛植、列植或盆栽。植株乳汁有毒，人畜中毒会刺激心脏，循环系统及呼吸系统受障碍，妊娠动物误食会流产。

黄　蝉

黄　蝉

软枝黄蝉

小叶软枝黄蝉

金蝶软枝黄蝉

重瓣软枝黄蝉

近缘种，软枝黄蝉（*A. cathartica*），枝匍匐蔓生，花大，鲜黄色，不易结果，品种，小叶软枝黄蝉（*A. cathartica* ‘Nanus’），叶较小质厚；金蝶软枝黄蝉（*A. cathartica* ‘Golden Butterflies’），叶较薄，花瓣薄，开展；重瓣软枝黄蝉（*A. cathartica* ‘Williamsii Flore-pleno’），重瓣；以及紫蝉花（*A. violacea*）枝直立蔓生，花紫红色，不易结果。

紫　蝉

25. 大花假虎刺 *Carissa macrocarpa*

夹竹桃科 Apocynaceae	假虎刺属 *Carissa*
俗名：美国樱桃、大花刺郎果	英文名：Carissa

常绿蔓性灌木，高1～1.5米。枝具强刺，两叉状。叶对生，阔卵形，革质。聚伞花序顶生，花冠高脚碟状，白色，芳香，花冠5裂，长圆形，向左覆盖，长约为花冠筒的2倍，浆果卵圆形至椭圆形，长2～5厘米，未成熟时显绿色，成熟果呈亮红色；全年均可开花，但以春、秋季为盛期。

原产于南非。生性强健，喜阳、喜高温、湿润的环境，耐热、耐旱、不耐寒，生长缓慢。扦插或播种繁殖。

本种是一种饶有野趣、刚性的花木，花大芳香，既可观花又适赏果。果实较大，微甜，可食用，半熟果可制果酱，成熟果可做饼馅。

近缘种，黄刺果（*C. spinarum*），又名假虎刺，刺较短小，叶长椭圆形，果稍小且圆。

大花假虎刺

黄刺果

26. 桉叶藤 *Cryptostegia grandiflora*

夹竹桃科 Apocynaceae　　**桉叶藤属** *Cryptostegia*

俗名：橡胶紫茉莉、橡胶藤

落叶蔓性灌木，2 ~ 3米，茎上多星点。叶对生，阔卵形，革质。聚伞状花序顶生，花淡紫色，高脚蝶形，裂片5，副花冠的鳞片锥尖。花药与柱头合生。蓇葖果梭形，无果柄，少见结果。

原产于马达加斯加。性喜高温湿润，不择土壤，以肥沃沙质壤土为佳，耐贫瘠与盐碱。扦插繁殖。

花蓝紫色，大而美丽，花期较长。适用于庭园角隅及滨海地带绿化，也可盆栽。树脂可提取橡胶。

27. 钉头果 *Gomphocarpus fruticosus*

夹竹桃科 Apocynaceae	钉头果属 *Gomphocarpus*
俗名：气球果、气球花	英文名：Club Fruit

柔弱灌木，高2米，茎被微柔毛。叶对生，线状披针形。聚伞状花序，花蕾灯笼状，球形，花瓣白色，反卷，副花冠红色兜状。蓇葖果肿胀，球形，轻，外果皮具软刺。种子附白色种毛。花期夏秋季。

原产于非洲。性喜高温湿润，不择土壤，以肥沃沙质壤土为佳，耐贫瘠与盐碱。种子繁殖，自播能力强，种子着地后容易发芽成苗。

花果奇异，果气球状，花雅致，可作趣味植物，庭园栽培、盆栽或切花。全株药用，治肠胃病等。

28. 夹竹桃 *Nerium oleander*

夹竹桃科 Apocynaceae	夹竹桃属 *Nerium*
俗名：红花夹竹桃、欧洲夹竹桃	英文名：Oleander

常绿大灌木，高可达3米。枝叶有白色乳汁。叶线状披针形，互生或3～4枚轮生，在枝条下部为对生；侧脉密生而平行。聚伞花序顶生；花萼直立；花冠有红色、白色、粉红、黄色等多色，芳香，单瓣或重瓣；副花冠鳞片状，顶端撕裂。蓇葖果矩圆形，栽培少见结果。花期几乎全年，夏秋最盛。

原生于伊朗、印度、尼泊尔。喜光，耐阴，喜温暖湿润气候，不耐寒，极耐旱，抗污染，土壤适应性强，忌积水。插条、压条繁殖。

花大、艳丽、花期长，抗性强，为优良的木本花卉，广泛应用于城市园林。常在公园、风景区、道路旁或河旁、湖旁周围栽培，常用作抗污染树种。

茎皮纤维为优良混纺原料；种子含油量约为58.5%，可榨油供制润滑油。植株含有强心苷和酚类结晶物质，有毒，叶、茎皮可提制强心剂、可用作杀虫剂及堕胎药。

栽培种，白花夹竹桃（*N. oleander* 'Album'），花白色；粉花夹竹桃（*N. oleander* 'Roseum'），花粉红色，常年开花；重瓣夹竹桃（*N. oleander* 'Plenum'）。

夹竹桃

白花夹竹桃

粉花夹竹桃

重瓣夹竹桃

29. 狗牙花 *Tabernaemontana divaricata* 'Flore Pleno'

夹竹桃科 Apocynaceae	狗牙花属 *Tabernaemontana*
俗名：重瓣狗牙花、重瓣马茶花	英文名：Crape Jasmine

常绿灌木，分枝浓密，有乳汁。叶对生，阔披针形，叶面平滑，墨绿亮丽，具蜡质光泽。夏季开花，白色，高脚碟状，重瓣，花冠裂片微向右旋。雄蕊着生花冠管中部以下。花期5—11月，少见结果。

原产于印度北部。我国长江以南各省区有栽培。多生于丘陵地带山坡、路旁的灌林丛中。不耐旱，不耐阴。播种或扦插繁殖。

香花植物，叶色油亮，花朵洁白，常植于庭园观赏。叶药用清凉解暑，利尿消肿，根可治头痛和骨折等。

栽培种，珍珠狗牙花（*T. divaricata* 'Dwarf'），植株较小，株叶紧密，叶小，花小单瓣；银狗牙花（*T. divaricata* 'Silver'），叶银灰色，花单瓣，白色。

狗牙花

珍珠狗牙花

金叶矮狗牙花

银狗牙花

30.光叶金虎尾 *Malpighia glabra*

金虎尾科 Malpighiaceae	金虎尾属 *Malpighia*
俗名：光果樱、西印度樱桃	英文名：Acerola Cherry、Barbados Cherry

常绿灌木，高4～6米。树干短，分枝较低，枝叶浓密。单叶，椭圆形，锐尖或钝，两面光滑；叶柄短。花柄细长且略具绒毛；花瓣5枚，粉红色，扇形，瓣薄，易脱落。果为浆果状核果，球形，有三浅沟略显三瓣状；种子四棱形。花果期常年。

原产于美国中部和牙买加。我国引入栽培的多为园艺栽培种。性喜阳光，喜温暖及肥沃的沙质土壤，较耐干旱，但不耐低于−1℃的低温。种子、扦插或压条繁殖。

果实成熟时橙红色，鲜艳美观，像樱桃，可作园林灌木观赏。果肉橙红色，柔软多汁，果富含维生素C，维生素C含量是甜橙的30倍，堪称水果中的“维生素C之王”，是用于天然维生素C及生产美肤产品的最佳原料。

栽培种，小叶金虎尾（*M. glabra* ‘Fairchild’），又名小李樱桃，叶、花、果较小，多用于盆景或园林观赏。

光叶金虎尾

光叶金虎尾

光叶金虎尾

小叶金虎尾

小叶金虎尾

小叶金虎尾

31.金英 *Galphimia gracilis*

金虎尾科 Malpighiaceae　　金英属 *Galphimia*

英文名：Rain of Gold、Slender Golden Shower、Spray of Gold

常绿灌木，高1～2米。枝柔弱，分枝多，枝上有许多红色柔毛。单叶对生，长椭圆形，先端钝或圆形，全缘，叶背有白粉。总状花序顶生，花瓣5枚，黄色，离瓣，长圆状椭圆形。蒴果球形，3裂，少见结果。花期4—10月。

原产墨西哥及巴拿马。性喜温暖、湿润、向阳环境，耐热、耐湿、耐干旱，生长较缓慢。不耐寒，冬季低温叶色变暗红色。扦插繁殖。

花数朵聚生枝顶，鲜黄而明媚，用作园林观赏或盆栽。在原产地常用作治哮喘、抗过敏及神经镇定药。

32. 桂叶黄梅 *Ochna thomasiana*

金莲木科 Ochnaceae	金莲木属 *Ochna*
俗名：金莲木、米老鼠树、黄梅花	英文名：Micky Mouse Plant

常绿灌木，株高1 ~ 3米。树皮褐色，有灰白色斑点。单叶互生，长椭圆形，疏尖锯齿，革质，似桂花叶。花5瓣，黄色，似梅花；果实成熟期，花丝与花萼并存，与果托一起膨大变色，成熟时变成鲜红色。核果1 ~ 6粒，环状排列在果托之上，橄榄形，未成熟时绿色，成熟时黑色。盛花期春季，秋季结果。

原产于非洲热带地区。性喜温暖、湿润及阳光充足的环境，稍耐阴，耐旱。植株较稀疏，春季开花前修剪，促进分枝与开花。播种繁殖。

结果时果托膨大，连同宿成的花萼、雌雄蕊，变成鲜红色，果实绿色或亮黑色，造型酷似米老鼠头部，甚是可爱。可用作庭园的趣味植物栽培。

近缘种，金莲木（*O. integerrima*），原产于我国广东西南部、海南省及广西南部。叶薄革质或纸质，叶边缘疏钝锯齿，广东省湛江市东海岛什足村发现有野生。

桂叶黄梅

桂叶黄梅

桂叶黄梅

金莲木

33. 红花檵木 *Loropetalum chinense* var. *rubrum*

金缕梅科 Hamamelidaceae	檵木属 *Loropetalum*
俗名：红檵木、红继木	英文名：China Loropetal

常绿灌木或小乔木。叶质地较厚，嫩叶淡红色，老叶暗红色，叶粗糙，全缘。花簇生，花瓣4枚，紫红色，呈带状线形。蒴果。花期4—5月，花期长40 ~ 50天；国庆前后能再次开花。冬季果熟。

原产于湖南。喜温暖向阳的环境和肥沃湿润的微酸性土壤，耐寒耐旱，不耐瘠薄，耐修剪。繁殖以扦插为主，也可压条、嫁接、播种。

本种树姿多样，叶富色彩之美；细长花瓣，为优良的木本花卉。可配植于园林中，用作景观树、盆景、造型树或密植色叶地被、绿篱等。花、根、叶均可药用。

原种，檵木（*L. chinense*），又名白花檵木，分布于华中及西南各省，叶绿色，花白色、条形。

红花檵木

檵　木

34. 金铃花 *Abutilon pictum*

锦葵科 Malvaceae	苘麻属 *Abutilon*
俗名：纹瓣悬铃花、风铃花	

常绿灌木，高可达3米。叶互生，掌状5裂，锯齿缘，纸质。花腋生，下垂，橙红色，5瓣，呈半开合状，状如风铃。全年开花。

原产于危地马拉。性喜温暖到高温、湿润、向阳至荫蔽环境。扦插繁殖。

花灵巧，状如风铃，迎风摇曳，甚是可爱，常用作庭园美化，盆栽。

栽培种，红美风铃（*A. hybridum* 'Red Rose'），花较开展，红色。近缘种，蔓性风铃花（*A. megapotamicum*），正名红萼苘麻，枝条细长柔垂，花冠状如风铃；花萼红色，半套着黄色花瓣；花瓣5，花蕊深棕色，伸出花瓣。

蔓性风铃花

金铃花

红美风铃

35.非洲芙蓉 *Dombeya wallichii*

锦葵科 Malvaceae	非洲芙蓉属 *Dombeya*
俗名：吊芙蓉、百铃花	英文名：Pinkball、Scarlet Dombeya、Tropical Hydrangea

常绿大灌木或小乔木，高3～10米。多分枝，间有明显主干但并不强健。叶粗糙，单叶互生，具托叶，心形，叶缘钝锯齿。花腋生，伞形花序球形，花轴长，每花球含20多朵粉红色的小花，花序悬吊而下，极像一个粉红色的花球。冬季开花，花期12月至翌年3月。

原产于东非及马达加斯加等地，性喜阳光和肥沃、湿润之地，不抗风。常用作景观树，树冠易零乱。花谢后花序干枯经久不落，为保持树冠整洁，开花后需修剪。

悬垂花球大而整齐，花朵粉嫩秀丽，极具观赏价值。适合庭院、公园及校园等丛植或孤植，也是良好的蜜源植物。其可与同属植物杂交，现已培育出许多杂交栽培品种。

36. 朱槿 *Hibiscus rosa-sinensis*

锦葵科 Malvaceae	木槿属 *Hibiscus*
俗名：扶桑、大红花	英文名：Shoeblackplant

常绿灌木，高可达4米。茎直立而多分枝，叶互生，卵形，先端尖，缘有粗齿，有光泽，近似桑叶。花单生于上部叶腋。花大下垂或直立，有单瓣、重瓣之分；单瓣者漏斗形，通常玫瑰红色，直径约10厘米，单体雄蕊，雄蕊筒及柱头伸出花冠之外；重瓣非漏斗形，呈红、黄、粉等色，花径10 ~ 17厘米，雄蕊及柱头不一定突出花冠外。蒴果卵圆形，光滑，有喙，少见结果。花期全年，夏秋最盛。

原产于我国粤西高州，西晋《南方草木状》记载："插枝即活，出高凉郡，一名赤槿。"（高州为晋时的高凉郡）。性喜温暖湿润，喜肥及富含有机质及排水良好的壤土，不耐寒，不耐干旱和瘠薄。萌发力强，耐修剪。易感染曲叶病毒病，注意防治蚜虫、粉虱的传播。扦插繁殖或嫁接繁殖。

花期长，花大色艳，颜色丰富，花形多样，为我国传统的木本花卉。适于花篱、花坛、花台、花境种植，或制作花篮，单瓣种非常适合高速公路分车带的观花植物。

朱槿品种众多，登录品种达2万多个。近缘种，木槿（*H. syriacus*），落叶灌木，叶浅裂，花直立，雄蕊柱不伸出花外；吊灯花（*H. schizopetalus*），常绿灌木，原产于非洲，花瓣深裂成流苏状，反折，萼管状，花柄长而细，常下垂，耐修剪，常作绿篱。变种，彩叶朱槿（*H. rosa-sinensis* 'Variegata'）。

朱　槿

‘黄橘’朱槿

‘粉西施’

‘泰国大黄花’朱槿

‘宫粉’朱槿

‘粉花’扶桑

‘乳斑’朱槿

‘日落’朱槿

‘重瓣醉红’朱槿

‘雪里红’朱槿

‘重瓣醉红’朱槿

木　槿

‘火红’朱槿

‘粉团’朱槿

‘金球’朱槿

‘锦球’朱槿

‘玉球’朱槿

‘彩叶’朱槿

吊灯花

‘金塔’朱槿

37.木芙蓉 *Hibiscus mutabilis*

锦葵科 Malvaceae	木槿属 *Hibiscus*
俗名：芙蓉花	英文名：Cotton-rose、Changing Rose

落叶灌木或小乔木，株高可达5米，华南地区栽培多低矮。丛生，枝条密被银灰色星状毛。叶大，粗糙，广卵形，3～5浅裂，叶缘具钝锯齿。花单生，花大，5瓣，花白色、淡红色、红色，花瓣有深色直纹。单生于小枝顶端叶腋，蒴果扁球形。花期9—11月。

原产于我国湖南省，我国各地栽培。性喜温暖、湿润、向阳的环境，耐水湿，忌干旱。萌枝力强，枝条多而乱，须及时修剪。扦插、压条或播种繁殖。

木芙蓉花开一日三变，单瓣种从清晨的白色，到中午淡红，傍晚变深红，每朵花花期仅一日。其花晚秋始开，花色丰富，花期长，花姿艳丽，占尽深秋风情。本种花大色丽，为我国久经栽培的观赏花木。花叶供药用，有清肺、凉血、散热和解毒之功效。

品种多样，颜色丰富，有白色、大红色、半白半桃红色、红白相间种。变种，重瓣木芙蓉（*H. mutabilis* f. Plenus）。

重瓣木芙蓉

清晨的木芙蓉

傍晚的木芙蓉

38. 垂花悬铃花 *Malvaviscus penduliflorus*

锦葵科 Malvaceae	悬铃花属 *Malvaviscus*
俗名：悬铃花、南美朱槿	英文名：South American Wax Mallow

常绿灌木，高达3米，小枝被长柔毛。叶卵状披针形，顶端渐尖，边缘具钝齿，纸质。花单生于叶腋，花红色，筒状，下垂，含苞不开展，上部略开展，5瓣。红色的单体雄蕊伸出花筒外，柱头分枝8～10枚。花期全年，夏秋季最盛。

原产于古巴、墨西哥、哥伦比亚等国家。喜阳光充足，喜高温，喜肥沃、疏松土壤。耐修剪。扦插繁殖。

枝繁叶茂，花极为美丽，花开四季，常作花篱、花境、庭园美化。根、叶有祛毒消肿的功效。

39. 珊瑚塔 *Aphelandra sinclairiana*

爵床科 Acanthaceae	单药花属 *Aphelandra*
俗名：红苞单药花	英文名：Coral Acanthaceae、Panama Queen、Orange Shrimp

常绿小灌木，高1.5～3.5米。茎叶被毛，凸凹不平。叶交互对生，卵形，基部楔形。总状花序聚生于枝顶，苞片橙黄色，厚而密，久不落，花冠粉红色，二唇形，伸出苞片外；雄蕊4枚粘连。蒴果被毛。花期12月至翌年4月。

原产于中南美洲。性喜高温、全日照至半日照环境，以肥沃沙质土壤为佳。扦插繁殖。幼株宜摘心，花谢后应修剪。为蜂鸟传粉植物，多用扦插繁殖。

花序密集重叠如珊瑚，花姿奇异，苞片持久不凋，多用于庭园丛植或盆栽，也为插花上等花材。

40. 假杜鹃 *Barleria cristata*

爵床科 Acanthaceae	假杜鹃属 *Barleria*

俗名：禄劝假杜鹃

披散小灌木，高0.5～1米。叶纸质，椭圆形，被长柔毛，全缘；腋生短枝叶小。叶腋常生2花，常在短枝上密集，有无柄苞片，叶形；花冠蓝色，2唇形，花冠管圆筒状，喉部渐大，冠檐5裂；可育雄蕊2长2短。蒴果长圆形。秋冬季开花。

原产于我国西南、华南，广东湛江有野生种，常生于林缘。性喜高温、湿润、向阳至略荫蔽的环境。扦插繁殖。

花形别致，蓝紫色花，梦幻柔美，花量繁多，充满野趣，可用于庭园美化、花境、地被、绿篱及盆栽。全株药用，通筋活络和解毒消肿等。

栽培种，白花假杜鹃（*B. Cristata* ‘Alba’），株直立，花白色；双色假杜鹃（*B. cristata* ‘Lavender lace’），又名条纹假杜鹃，花冠蓝紫色或带白色条斑，叶长椭圆形。

假杜鹃

白花假杜鹃

双色假杜鹃

41. 鸟尾花 *Crossandra infundibuliformis*

爵床科 Acanthaceae	鸟尾花属 *Crossandra*

俗名：半边黄、十字爵床

亚灌木，高约50厘米。叶对生，阔披针形，全缘。穗状花序顶生或腋生，橙黄色，花半圆形，5裂。花期春末到秋季。

原产于亚洲、非洲热带地区。性喜高温湿润、略荫蔽的环境。生性强健，耐热、耐阴、不耐寒。植株易老化，花后需重剪或种植几年后更新。扦插繁殖。

花姿雅致，花色鲜艳，花量多，花期长，常用作地被花卉，也可作盆栽。

42. 喜花草 *Eranthemum pulchellum*

爵床科 Acanthaceae	喜花草属 *Eranthemum*
俗名：可爱花	

常绿亚灌木，高达2米。枝四棱形。叶对生，卵形，全缘或有不明显的钝齿，叶脉明显。穗状花序顶生和腋生，苞片大，叶状，白绿色斑纹；花萼白色；花冠蓝色，高脚碟状。花期冬春季。

原产于印度及热带喜马拉雅地区。性喜温暖湿润，喜半阴。生长迅速，植株松散，花凋谢而不落，自洁能力差，需定期修剪，保持生长旺盛及植株整洁。扦插繁殖。

植株轻盈，蓝色小花淡雅宜人，是良好的耐阴花木，可在角隅、林下及花镜中点缀栽培，或片植作地被，也可盆栽观赏。

43. 虾衣花 *Justicia brandegeeana*

爵床科 Acanthaceae	爵床属 *Justicia*
俗名：红虾花、小虾花、麒麟吐珠	英文名：Red Shrimp

常绿亚灌木，株高50 ~ 80厘米，全株被柔毛。叶对生，长椭圆形，渐尖，全缘。穗状花序顶生，下垂，苞片密集重叠，褐红色。花冠二唇形，白色。

原产于墨西哥。喜温暖湿润，喜半阴，最低温度10℃以上。植株易老化，注意花后修剪整枝，种植几年后需更新。扦插繁殖。

花姿酷似红虾，甚为奇特，花量多，开花持久，可作观花地被或花镜栽培，也可盆栽。

同属种，绿苞爵床（*J. betonica*），又名肖鸡笼，花苞白绿色，有深绿色条纹。

虾衣花

绿苞爵床

44. 赤苞花 *Megaskepasma erythrochlamys*

爵床科 Acanthaceae　　赤苞花属 *Megaskepasma*

英文名：Brazilian Red Cloak、Red Justicia

常绿灌木，株高100 ~ 200厘米。叶对生，长椭圆形至披针形，光滑，叶脉明显，渐尖，全缘。花序顶生长达30厘米，苞片赤红色，花后宿存；花冠二唇形，白色，通常早凋。花期春至夏秋季。

原产于委内瑞拉、南美洲岛国多雨的森林地带。喜温暖湿润，喜半阴，最低温度5℃以上。植株易老化，注意花后修剪整枝。扦插繁殖。

赤红色苞片层层叠叠，颜色鲜艳，较花朵本身更具观赏价值，可维持长达2个月左右不脱落，常年不断，适合庭园美化。

45. 鸡冠爵床 *Odontonema strictum*

爵床科 Acanthaceae	鸡冠爵床属 *Odontonema*
俗名：红楼花、红楼鸡冠	英文名：Firespike、Scarlet Flame

丛生常绿小灌木，株高约1.5米，茎节膨大，自然分枝少。叶对生，卵圆状，叶面有波皱。圆锥状花序顶生，花红色，花冠细管状，顶端二唇形，5裂。少见结果。花期11月至翌年4月。

鸡冠爵床原产中美洲热带雨林地区。喜阳光充足和温暖湿润环境，亦耐半阴。扦插繁殖。

其穗状花序多直立生长，但有时花序轴的组织增生与花芽分化同时扩增，膨大变异为一种波浪状、扁平的花序，形如鸡冠状，十分奇特，因而得名。公园、绿地的路边、林下绿化的优良品种。太阳鸟喜采其花蜜，良好的诱鸟植物。

46. 金苞花 *Pachystachys lutea*

爵床科 Acanthaceae	金苞花属 *Pachystachys*
俗名：黄虾花	

常绿亚灌木，株高30 ~ 50厘米，茎节膨大，叶对生，长椭圆形，叶脉明显。顶生穗状花序直立，花密集柱状排成4列；苞片膜质，黄色；花二唇形，白色，伸出苞片外。一

年四季开花。

原产于秘鲁和墨西哥，性喜高温高湿及阳光充足的环境，亦耐半阴。扦插繁殖。

株形整齐，花形奇特，花色鲜艳，花期长，适合作观花地被、花坛栽植，或盆栽摆放。

47.紫云杜鹃 *Pseuderanthemum laxiflorum*

爵床科 Acanthaceae　　山壳骨属 *Pseuderanthemum*

常绿矮小灌木，株高约0.5米。茎光滑，钝四棱形，多分枝。叶对生，卵状披针形，渐尖，全缘。花腋生，花冠长筒形，先端5裂，紫红色。花期夏秋季。

原产于南美洲。性喜温暖、湿润，喜阳至略荫蔽的环境，耐半阴，怕寒。扦插繁殖。

花姿柔美，花期长，适合盆栽，矮花篱及庭园种植或地被片植。

近缘种，紫美花（*P. acuminatissimum*），花冠蓝紫色；金叶拟美花（*P. reticulatum* var. *ovarifolium*），叶黄绿色，叶脉黄色。

紫云杜鹃

紫云杜鹃

紫美花

金叶拟美花

48. 蓝花草 *Ruellia simplex*

爵床科 Acanthaceae　　翠芦莉属 *Ruellia*

俗名：翠芦莉

常绿亚灌木。叶片线状披针形，全缘或边缘具疏锯齿；总状花序数个组成圆锥花序，花腋生，花冠漏斗状喇叭形，5裂，紫色、粉色或白色，具放射状条纹，细波浪状；一般清晨开放，午后凋谢。花期四季。

原产于南美洲巴西热带地区。性喜高温、湿润、向阳的环境，耐热、耐湿、耐旱、耐贫瘠。植株易老化，需定期修剪。扦插或分株繁殖。

植株笔直向上，花素雅，常年开花不断，可作庭园美化、花篱、地被或大型盆栽。

栽培种，粉花蓝花草（*R. simplex* 'Pink'），花粉色；白花蓝花草（*R. simplex* 'Alba'），花白色。近缘种，大花芦莉（*R. elegans*），植株披散，叶椭圆披针形，叶粗糙，花粉，高脚碟形。

蓝花草

蓝花草

大花芦莉

粉花蓝花草

白花蓝花草

49. 黄脉爵床 *Sanchezia speciosa*

爵床科 Acanthaceae	黄脉爵床属 *Sanchezia*
俗名：金脉爵床、黄脉单药花、金鸡腊	英文名：Sanchezia

常绿灌木，高达1～2米，茎红色。叶对生，叶片大，长椭圆形，中脉黄色。穗状花序顶生，苞片紫红色；花瓣黄色，管状；花蕊细长，伸出花筒外。

原产于厄瓜多尔、巴西。喜温暖、湿润的半阴环境，也耐全光。扦插繁殖。

叶片大形，叶色别致鲜艳，黄绿相间，花期橙黄色花耸立枝头，观赏价值高，为较高的观叶及观花植物。庭园种植可作花境、丛植或分隔空间等。

50. 叉花草 *Strobilanthes hamiltoniana*

爵床科 Acanthaceae　　马蓝属 *Strobilanthes*

常绿亚灌木，多枝。茎4棱，节间膨大。大叶披针形，具柄，小叶卵形，无柄或柄短，边缘有锯齿。花序松散细长，生于节上。花冠钟状，紫红色，浅5裂。冬春季开花。

原产于云南。喜高温湿润的环境，喜半阴，也耐全光。易老化，需定期修剪。扦插繁殖。

花量大，繁星点点，可作观花地被，适于林下、路边、山石间种植。

近缘种，桃叶马兰（*S. persicifolia*），叶长披针形，紫绿色，花序轴短，花浅紫色。

叉花草

桃叶马兰

51.直立山牵牛 *Thunbergia erecta*

爵床科 Acanthaceae	山牵牛属 *Thunbergia*
俗名：硬枝老鸦嘴、立鹤花	

直立常绿灌木，高可达2米。茎四棱，多分枝。叶近革质，卵形，有时菱形，先端渐尖，边缘具波状齿。花单生叶腋，花冠漏斗形，先端5裂，深紫蓝色，筒口鲜黄色。蒴果具长喙，像乌鸦的嘴。几乎常年开花。

原产于非洲热带西部地区。喜高温、湿润、向阳的环境。植株易老化，需定期修剪。扦插或分株繁殖。

花素雅，常年开花不断，可作庭园美化、绿篱及大型盆栽。

52.米仔兰 *Aglaia odorata*

楝科 Meliaceae	米仔兰属 *Aglaia*
俗名：米兰、小叶米仔兰	英文名：Milan Tree

常绿灌木或小乔木，株高可达3米。分枝多而密，奇数羽状复叶，叶轴和叶柄具狭翅，有小叶3～7片；小叶对生，嫩绿色，有光泽。圆锥花序腋生，花小似粟粒，金黄色，花芳香，少见结果。花期5—12月。

原产于我国南方低海拔的疏林或灌木丛中。喜温暖湿润，喜阳光充足，忌寒冷，怕干旱。压条或扦插繁殖。

自然株形优美，花清香四溢，花期长，常用于园景树、绿篱或盆栽。花可熏茶，提取香精等。

53. 灰莉 *Fagraea ceilanica*

龙胆科 Gentianaceae　　灰莉属 *Fagraea*

俗名：非洲茉莉、华灰莉

常绿灌木或小乔木。叶对生，近肉质，长圆形。花大，花冠喇叭状，初开时白色，后渐变为淡黄，芳香。浆果近球形，具尖喙，基部具宿萼，栽培少见结果。花期4—8月。

原产于我国华南、西南及东南亚。喜温暖湿润、耐半阴，但不耐寒。生性强健，耐干旱，耐修剪，耐摆放，繁殖容易。多用扦插繁殖，也可播种繁殖。

枝叶浓密，叶色深绿，富有光泽，花大而芳香，为优良的观赏植物。适用于角隅、灌木球、绿篱等园林绿化，大量用于盆栽摆放。

54. 花叶假连翘 *Duranta erecta* 'Variegata'

马鞭草科 Verbenaceae　　假连翘属 *Duranta*

英文名：Golden Dewdrop Tree

常绿灌木，高1.5 ~ 3米；枝被皮刺，幼枝有柔毛。叶对生披针形，渐尖，边缘波状有锯齿。总状圆锥花序，花冠通常蓝紫色，5裂，裂片平展。核果球形，金黄色，有光泽。花果期夏秋季。

原产于南美洲。性喜高温，湿润，向阳的环境。生性强健，萌芽力强，耐修剪，耐热、耐旱，耐5℃以上的低温。扦插繁殖。

花果美丽，叶色多变，常作绿篱或庭园栽培。

常见栽培种有：金叶假连翘（*D. erecta* 'Golden Leaves'），俗称黄金叶，叶金黄色；蕾丝假连翘（*D. erecta* 'Dark Purple'），花冠深蓝紫色，花瓣边缘浅紫色；黄边假连翘（*D. erecta* 'Marginata'）。

花叶假连翘

金叶假连翘

蕾丝假连翘

蕾丝假连翘

黄边假连翘

黄边假连翘

55. 马缨丹 *Lantana camara*

马鞭草科 Verbenaceae	马缨丹属 *Lantana*
俗名：五色梅	英文名：Lantana

常绿直立或蔓性的灌木，茎方形，具短钩状刺。单叶对生，揉烂后有强烈的气味，叶片卵形，表面粗糙。伞形花序，花萼管状，花冠黄色或橙黄色，开花后不久转为深红色。果球形，成熟时紫黑色。全年开花。

原产于巴西，我国南方常逸为野生。适于生长在温暖、湿润、阳光充足的环境，不耐寒，耐干旱，管理粗放，不择土壤。易老化，景观栽培每年需修剪，去除老枝，促进萌发新枝，才能开花繁茂。扦插繁殖。

马缨丹花精致可爱，每朵花从花蕾期到花谢期可变换多种颜色，一个花序可有红、粉红、黄、白、橙黄多色，花色艳丽，五彩缤纷，花期长，管理方便。可修剪成灌木球、花篱，更是一种管理粗放的观花地被植物。可植于分车道、花镜和花坛的观花地被，也植于坡坎、角隅、墙基，起点缀、装饰和掩蔽作用。全株药用，叶揉烂有止血作用。

同属植物，蔓马缨丹（*L. montevidensis*），匍匐性小灌木，叶片小，花紫色或蓝紫色。

蔓马缨丹

马缨丹

马缨丹

‘桃粉’马缨丹

‘红黄’马缨丹

‘红黄’马缨丹

‘红花’马缨丹

56.假马鞭 *Stachytarpheta jamaicensis*

马鞭草科 Verbenaceae	假马鞭属 *Stachytarpheta*

英文名：Blue Porterweed

常绿亚灌木或粗壮草本，高可达2米；幼枝稍四棱。叶椭圆形，两面粗糙，疏被短毛，叶缘具粗齿。穗状花序呈鞭状，顶生直立，长11～29厘米，花单生苞腋，螺旋状着生，苞状具芒尖，花萼膜质筒状；花冠深蓝紫色，5裂，花丝短，花柱伸出。蒴果苞于宿存萼内。花果期4—12月。

原产于我国华南，中南美洲及东南亚。中性植物，喜向阳至荫蔽的环境，性喜高温，湿润。生性强健粗放，耐热、耐旱、耐贫瘠。扦插繁殖。

枝叶浓绿，花序挺拔，秀美，花期长，耐修剪，常作灌木丛或地被植物。全株药用，具清热解毒，利水通淋之效。

57. 含笑 *Michelia figo*

木兰科 Magnoliaceae	含笑属 *Michelia*
俗名：香蕉花	英文名：Banana Shrub

常绿灌木，高2～3米。枝条繁密，树皮灰褐色，小枝和叶柄密生褐色茸毛。叶互生，椭圆形，全缘，革质。花瓣6枚，短，淡乳黄色，甜浓芳香，香蕉香味。蓇葖果较小，圆形，不常结果。花期3—8月，果期7—10月。

原产于我国华南南部各省区。性喜温暖湿润，稍耐寒，喜半阴，不耐暴晒和干旱瘠薄，要求排水良好微酸性土或中性土，耐修剪。压条、嫁接或扦插繁殖。

枝叶浓密、株形整齐，花苞润如玉，香气浓郁，令人陶醉，沁人心脾，作为香花灌木广泛应用于城市园林，也可作为大型盆栽。

58. 茉莉花 *Jasminum sambac*

木犀科 Oleaceae	素馨属 *Jasminum*
俗名：茉莉	英文名：Arabian Jasmine

常绿小灌木，枝条柔软细长，常呈藤状；小枝绿色，老枝灰白色。单叶对生，椭圆形，全缘，叶色翠绿有光泽。聚伞花序顶生，花白色，多重瓣，花香清纯，少见结果。小浆果球形，成熟时蓝黑色。夏秋开花。

原产于印度、伊朗及阿拉伯地区等，早期传入中国，我国普遍栽培。喜温暖湿润，喜阳光，耐暑热，稍耐阴，忌旱惧涝。容易产生枯枝，注意修剪。扦插繁殖为主，少数采用压条和分株方法。

花期长，清香浓郁，沁人心脾，为花中之珍品。多丛植、片植或盆栽。花可薰制成花茶。

59. 四季桂 *Osmanthus fragrans* var. *semperflorens*

木樨科 Oleaceae	木樨属 *Osmanthus*
俗名：桂花	英文名：Sweet Osmanthus

桂花是我国十大传统名花之一，多数桂花品种在南亚热带地区生长不良，唯四季桂较适应生长，四季桂常绿灌木或小乔木，株高2~3米。嫩梢红色；花黄色或淡黄，气味芬芳。它打破一般桂花品种一年只开花一次的常规，一年开花数次，春节期间开花最为繁盛。小花密集，花色黄白，在枝条中分布均匀，花香也较为持久。

稍耐阴，忌暴晒，要求深厚肥沃土壤，忌低洼盐碱，耐热性比桂花强。多用扦插、嫁接、压条或播种繁殖。

其花香味馥郁，令人精神愉悦，是应用最多的香花树种，常作园景树，可赏姿闻香，在住宅四旁或窗前栽植桂花树，能起到“春风送香”的效果。可供作浸酒、泡茶和糕饼的香料用。其花、根等可入药，其根炖肉服，还能治虚火牙痛、喉痛。

60. 细叶萼距花 *Cuphea hyssopifolia*

千屈菜科 Lythraceae	萼距花属 *Cuphea*
俗名：紫花满天星、细叶雪茄花、满天星	英文名：False Heather

常绿小灌木，株高50厘米。枝条红褐色，幼枝四棱。叶对生，线状披针形，全缘，纸质。花腋生，花冠紫红或桃红色。花后结实似雪茄，形小呈绿色，不明显。全年开花。

原产于墨西哥，喜温暖、湿润的环境，稍耐阴，耐修剪。植物易老化，需及时修剪。多扦插繁殖，也可播种繁殖。

叶色浓绿，花优雅，繁多，四季花开不断，植株低矮。华南地区常为地被、矮篱，或为基础种植材料与其他花卉配置组成优美景观，也可盆栽。

近缘种，火红萼距花（*C. platycentra*），俗名雪茄花，无花瓣，花萼长筒状，鲜红色，形如雪茄。

火红萼距花

细叶萼距花

细叶萼距花

61.紫薇 *Lagerstroemia indica*

千屈菜科 Lythraceae	紫薇属 *Lagerstroemia*
俗名：小叶紫薇、百日红、痒痒树、无皮树	英文名：Pride of India、Crape Myrtle

落叶灌木或小乔木，在南方成灌木状。树皮薄，片状剥落，树干平滑细腻。单叶对生，椭圆形。圆锥花序顶生，花冠红、紫、粉红、白等色；花瓣6，近圆形，基部具长爪，边缘皱缩状；雄蕊多数。蒴果近球形，花萼宿存。夏秋季开花。

紫　薇

分布广泛，我国长江流域以南均有分布。强喜光，喜温暖、湿润，对土壤要求不严，极耐干旱，抗污染能力强，在深厚、肥沃、湿润之地开花繁茂。早春施重肥，初夏施用1次磷肥，花后及时剪除花梗果序，冬季进行修剪整形，有利于开花。扦插、播种、嫁接、压条等方式繁殖。

紫薇树形优美，花色艳丽，花朵繁密，花量大，花期长，具极高的观赏价值，是著名的观花景观树，同时是良好的盆景材料。

栽培种，红薇（*L. indica* ‘Rubra’），花紫红色；翠薇（*L. indica* ‘Amabilis’），花蓝紫色；银薇（*L. indica* ‘Alba’），花白色；红火箭紫薇（*L. indica* ‘Red rocket’），花深红色；赤红紫薇（*L. indica* ‘Ebony Fire’），叶红色，花深红色。

红　薇

翠　薇

银　薇

赤红紫薇

红火箭紫薇

62. 虾子花 *Woodfordia fruticosa*

千屈菜科 Lythraceae	虾子花属 *Woodfordia*
俗名：虾仔花	

常绿披散灌木，高3～5米。枝条长而披散，幼枝有短柔毛。叶对生，近革质，披针形，顶端渐尖，近无柄。数朵小花聚成伞状圆锥花序，花萼筒钟状，顶端流苏状分裂，鲜红色，花瓣小而薄，浅黄色，雄蕊鲜红色，伸出花萼筒外。蒴果线状长椭圆形。花期春季。

虾子花分布于印度、越南、斯里兰卡等国家，我国广西、广东和云南也有分布。虾子花耐干热，喜生于干旱炎热的河谷地带与酸性土壤。

虾子花枝叶茂密，形态奇特，成串悬挂，盛花时满枝红艳状如落锅红虾，观赏价值高，适宜种植于庭园、公园、花坛、水滨等处。花可药用治痢疾、肝病、烫伤等，全株含鞣质，也可提制栲胶。

63. 栀子 *Gardenia jasminoides*

茜草科 Rubiaceae	栀子属 *Gardenia*
俗名：黄栀子、栀子花、小叶栀子、山栀子	英文名：Gardenia Bush

常绿灌木，干灰色，小枝绿色，叶亮绿色，长椭圆形，先端渐尖，全缘，侧脉明显。托叶成鞘状包围小枝。花单生枝端或叶腋。花白色，芳香，花冠白色，高脚碟状，花色洁白。果有棱，果熟时黄色。花期4—7月，果期11月。

产于长江流域以南各地。性喜酸性土壤，耐水湿。扦插或播种繁殖。

叶色终年深绿亮泽，枝叶繁茂，果实别致，花朵美丽，香气浓郁，著名的香花植物。用于庭园、绿地美化或作花篱，也可盆栽或切花。果实入药或作黄色染料；花可提制香精。

白蟾（*G. jasminoides* var. *fortuniana*），俗称栀子花，重瓣栀子，花大重瓣，花色洁白，一般不结果，主要用于观赏。

栀　子

栀　子

白　蟾

白　蟾

64.希茉莉 *Hamelia patens*

茜草科 Rubiaceae	长隔木属 *Hamelia*
俗名：长隔木、醉娇花、希美丽、茜茉莉	英文名：Firebush、Hummingbird Bush、Scarlet Bush

常绿灌木。嫩枝和叶被短柔毛，暗红色，叶通常3枚轮生，卵状椭圆形，长4 ~ 6厘米，先端渐尖，全缘。聚伞圆锥花序生于枝顶。管状花橙红色。花期春末至秋季。

原产于中、南美洲，我国南方广为栽培。喜光，喜温暖湿润气候，不耐寒，也不耐干旱。需蜂鸟授粉，在我国多不结果，多用扦插繁殖。

枝叶茂盛，四季常绿，春末至秋季开花不断，花多而雅致，花期长，是庭园及道路花丛及地被的良好材料。叶供药用，治疗皮肤病。果实酸，可吃，在原产地，可制作一种提神的饮料。

65. 龙船花 *Ixora chinensis*

茜草科 Rubiaceae	龙船花属 *Ixora*
俗名：仙丹花、山丹、卖子木	英文名：Ixora

常绿灌木，株高1 ~ 2.5米。叶对生，披针形或倒卵形，叶片革质，先端钝或钝尖，全缘；叶柄极短或无。伞形花序顶生，密生小花成半球状，花冠鲜红色或橙黄，高脚碟形，花管细长，未开放时针状，放射排列，盛开时，末端4裂，花瓣钝圆。浆果近球形，双生，成熟时红色、黑色。花期几乎全年，夏秋季旺盛。

原产于亚洲热带地区，我国华南地区、东南亚多有分布。散生疏林下、灌丛中或旷野路旁。性喜酸性、湿润土壤，耐高温、瘠薄及半阴，酸性指示植物，在碱性土壤上种植易发生黄叶病。阴湿条件下，常易患叶斑病和炭疽病。扦插和播种繁殖。

株形美观，花朵密集成团，似火球，美丽而壮观，夏秋开花，花期特长，适合庭园丛植、镶边或片植，也可点缀于山石间；也可用于盆栽观赏。全株入药，能散瘀止血，又能催产。

龙船花属植物约有530种，常用栽培种及杂交育种的种：红花龙船花（*I. coccinea*），叶矩圆状或椭圆形，叶脉明显，质地较粗糙，花瓣尖；洋红龙船花（*I. casei*）叶片较大，枝较软，花序大而密；矮龙船花（*I.* × *williamsii*）杂交种，株高约80厘米，较矮，叶密。海南龙船花（*I. hainanensis*），中国原产，花白色，尚未开发。

龙船花

龙船花

红花龙船花

玫瑰红龙船花

矮龙船花

洋红龙船花

大王龙船花

艳红龙船花

黄花龙船花

矮黄龙船花

黄爪哇龙船花

海南龙船花

66. 红纸扇 *Mussaenda erythrophylla*

茜草科 Rubiaceae　　玉叶金花属 *Mussaenda*

俗名：血萼花

半落叶灌木。叶对生，长椭圆形，叶脉密被红色丝质茸毛。聚伞房花序顶生，5枚萼片仅一枚发育，萼片红色、平展。粉色，花小、淡黄色、五角星形，脱落早，经常只看到其萼片。夏秋开花。

原产于非洲西部。性喜高温，气温低于10℃时产生落叶现象，低于5℃时，则易受冻干枯死亡。耐干旱。植物易老化，每年早春新芽萌发前需整枝修剪。扦插繁殖。

花期长达半年之久，花姿秀美，盛花期满树粉团，特别醒目。适合庭园栽植或大型盆栽。

杂交种，粉纸扇（*M. hybrida*‘Alicia’），又名粉萼金花，5枚萼片肥阔而后卷，粉色，花小、黄色、五角星形，脱落早，经常只看到其萼片，耐热性强，花期长。近缘种，白纸扇（*M. philippica*），萼片白色，每朵小花有多个大型苞片，花黄色；玉叶金花（*M. pubescens*），每朵小花只有一片大苞片。

红纸扇

红纸扇

白纸扇

粉纸扇

玉叶金花

67. 五星花 *Pentas lanceolata*

茜草科 Rubiaceae	繁星花属 *Pentas*
俗名：繁星花、埃及众星	英文名：Star Cluster

亚灌木，高可达70厘米，被毛。叶片卵形、椭圆形或披针状长圆形，顶端短尖，基部渐狭成短柄。聚伞花序密集，顶生。花无梗，花柱异长，花冠淡紫色，喉部被密毛，冠檐开展，花期夏秋。

原产于非洲热带和阿拉伯地区，中国南部有栽培。喜温暖热且日照充足，温度低于10℃，会使开花不整齐并延迟或妨碍花朵的开放。

热带地区重要的园林花卉之一，花小，星状别致，多花聚生成球；花期持久，且花色丰富，有粉红、绯红、桃红、白色等花色，适用于盆栽及布置花台、花坛及景观布置。可作夏、秋季花境补充植材。

68. 银叶郎德木 *Rondeletia leucophylla*

茜草科 Rubiaceae	郎德木属 *Rondeletia*
俗名：巴拿马玫瑰	英文名：Panama Rose

常绿小灌木，高可达1米。幼枝被毛。叶对生，披针形，叶细长，具短柄，纸质，叶背密被白色茸毛。聚伞花序顶生，近球形，具数花；花较小，粉红色，花漏斗状，高脚碟形，先端4裂。几乎全年开花。

原产于中美洲地区。喜高温、湿润、向阳的环境。植株较松散，需定期修剪。扦插繁殖。

繁花不断，花姿优美，可作花镜、花坛等庭园美化；是良好的密源植物。

近缘种：郎德木（*R. odorata*）叶革质，卵形；花鲜红色，花柄及花筒短。

银叶郎德木

郎德木

69. 现代月季 *Rosa hybrida*

蔷薇科 Rosaceae	蔷薇属 *Rosa*
俗名：玫瑰、月季	英文名：Modern Rose

茎具钩状皮刺。奇数羽状复叶，小叶3 ~ 7枚，卵形或阔椭圆形，先端尖，缘有锐锯

齿，表面有光泽。花顶生，多为重瓣花，萼片羽状裂，花形与花色变化繁多，花色有红、白、黄、紫、粉红，杂色等，具香气。

蔷薇属植物多原产于暖温带与温带。喜光，喜温暖、湿润、向阳之地，喜肥沃疏松土壤。怕高温，在南亚热带地区冬春季节生长旺盛，温度高于30℃时生长势弱或休眠，高温多雨时节易生黑斑病，叶易脱落，花小，生长不良，度夏困难，夏季时减少开花，秋末气温降低时恢复旺盛生长。

现代月季花开四季、花大色香、花姿美艳、类型丰富，堪称“花中皇后”，可作庭园美化、花坛布置、盆栽摆放、切花生产及专类园，为四大切花之一，常为男女间表达浪漫爱意的赠花。花可提炼香精，制高级香水，花蕾是良好的花茶。

现代月季是月季花（*R. chinensis*）、香水月季（*R. odorata*）、玫瑰（*R. rugosa*）、法国蔷薇（*R. gallica*）等蔷薇属（*Rosa*）植物不断杂交、变异，长期选育而成的四季开花的品种群，品种繁多，达3万多，多为重瓣。根据植株形态及开花习性分四大类型：（一）杂交香水月季，花梗长、大花、单头；（二）丰花月季，花较大、一茎多花；（三）微型月季，植株矮小、花朵繁密；（四）藤蔓月季，藤本，茎具蔓性攀援特点。

杂交香水月季（黄色）

丰花月季

微型月季

藤蔓月季　七姊妹

杂交香水月季

70. 鸳鸯茉莉 *Brunfelsia brasiliensis*

茄科 Solanaceae	鸳鸯茉莉属 *Brunfelsia*
俗名：双色茉莉、番茉莉、二色茉莉	英文名：Yesterday-today-tomorrow Flower、Kiss-me-quick

常绿灌木，株高约1米。单叶互生，倒卵形，渐尖。花单生或数朵聚合成聚伞房花序；花冠呈高脚碟状，花瓣皱折。单花开放5天左右，初开为蓝紫色，渐变为雪青色，最后变为白色，有茉莉清香。花期4—10月。

原产于美洲，为巴拉圭国花。喜温暖湿润气候及阳光充足的环境，喜肥好湿，微酸性壤土为佳。播种、扦插繁殖。

春夏盛花时节，同株枝条上的紫色花和白色花相间开放，繁花满树，色彩绚丽，清幽芳香。可地栽于门前、花坛、花镜、草地等景观美化，或作盆栽摆设。根皮及茎叶有毒，家畜误食过量会导致四肢无力、流口水、颤抖、呼吸变慢等症状。

近缘种，少花鸳鸯茉莉（*B. pauciflora*），又名大花鸳鸯茉莉，叶长椭圆形，渐尖至尾尖，花较大，花量少。

少花鸳鸯茉莉

鸳鸯茉莉

鸳鸯茉莉

71. 夜香树 *Cestrum nocturnum*

茄科 Solanaceae	夜香树属 *Cestrum*
俗名：夜来香、洋素馨、夜丁香	英文名：Night Jessamine

多年生灌木，枝条柔软近攀援状，分枝下垂。叶薄而互生，卵形，先端短尖，边缘波浪形。总状花序腋生或顶生，花稠密，浅黄绿色，针状，细长，浓香。浆果细小，白色。花期夏秋季。

原产于美洲热带。在我国广东、福建、四川等省普遍栽培。喜温暖，喜光，冬季温度不低于5℃。常用扦插繁殖。

枝条柔弱，花量繁多，傍晚开放，花香扑鼻，在南方多用来布置庭院、窗前、塘边和亭畔，也可盆栽供观赏。花香驱蚊极佳。

近缘种，瓶子花（*C. elegans*），花红色或紫红色，聚伞花序下垂；黄花夜香树（*C. aurantiacum*），花黄色，花管短，花瓣开放。

夜香树

夜香树（果）

瓶子花

黄花夜香树

72. 洋金花 *Datura metel*

茄科 Solanaceae	曼陀罗属 *Datura*
俗名：曼陀罗	英文名：Jimson Weed

亚灌木。全株无毛或仅幼嫩部分有稀疏短柔毛。叶卵形，基部呈不对称形，波缘或有缺刻状锯齿。花萼筒状；花冠长漏斗状，白色、黄色或浅紫色，单瓣，在栽培类型中有2重瓣或3重瓣；雄蕊5，在重瓣类型中常变态成15枚左右。蒴果近球状，表面针刺短而粗壮。花果期4—12月。

分布于热带及亚热带地区，南方各省野生。常生于向阳的山坡草地或住宅旁。叶色苍翠，花果奇特，花期长，晚上开花，危险神秘，常用标本展示或庭园种植。叶、花、果含生物碱，有麻醉致幻作用，毒性较大，尤其是种子。花为中药的“洋金花”，作麻醉剂或镇咳。

近缘种，紫花曼陀罗（*D. tatula*），花紫色，上直；木本曼陀罗（*Brugmansia arborea*），木曼陀罗属，常绿灌木或小乔木，花黄色、白色或红色，下垂，蒴果无刺。

洋金花

紫花曼陀罗

木本曼陀罗

73. 蓝花茄 *Lycianthes rantonnetii*

茄科 Solanaceae	红丝线属 *Lycianthes*
俗名：蓝花十萼茄	英文名：Blue Potato Bush

小灌木。枝条柔细。单叶互生，叶椭圆、端钝，全缘，叶基渐狭，有叶柄；花丛生，合瓣花，5裂，盛开时完全平展，直径约2厘米，花不具香味，花深蓝紫色，中心为黄色雄蕊，有数条放射状深紫色的棱线。夏秋开花，花期长。果实梨形，红色。

原产于南美，全世界栽培观赏。播种繁殖或扦插繁殖，较耐旱，耐半阴。花色优雅，花形别致，花量大，花期长，是优良的观花灌木。

74. 金杯花 *Solandra guttata*

茄科 Solanaceae	金盏藤属 *Solandra*
俗名：金杯藤	英文名：Mexican Tulip Poppy

常绿藤状灌木。叶互生，长椭圆形。花顶生黄色，硕大，阔杯形，5浅裂，裂处之间有条紫褐色条纹延伸至冠喉。雄蕊5枚，伸出花冠筒外。花期3—10月，果期6月至翌年2月。

原产于中美洲。喜高温湿润，耐贫瘠与干旱。生长缓慢，花大而芳香，花开时犹如一盏盏金色的奖杯，甚是有趣。可作花镜植物、庭园树或大型盆栽。全株有毒。

75. 山茶花 *Camellia*

山茶科 Theaceae	山茶属 *Camellia*
俗名：山茶	英文名：Camellia

山茶属植物适宜南亚热带地区栽培的主要有以下几种：

（1）杜鹃叶山茶（*C. azalea*）

俗名：四季山茶、杜鹃红山茶、假大头茶，因叶片像高山杜鹃而得名。常绿灌木，嫩梢红色，叶革质具光泽，全缘。花单瓣，花瓣5枚，长条形，红色；花丝红色，花药黄色。5月中旬始花，盛花期是7—9月，持续至翌年2月。

杜鹃叶山茶

原产于我国，发现较晚，分布范围极窄，20世纪80年代在广东阳春鹅凰嶂保护区溪水边约4公里的狭长地带被发现。株形紧凑，枝叶秀丽，花色艳丽，既能承受高温又耐受低温，四季开花，具有极高的观赏价值。

结实率非常低，且种子多为败育。多用嫁接、扦插与空中压条法繁殖。

（2）金花茶（*C. petelotii*）

灌木，高2～3米，嫩枝无毛。叶革质，叶脉明显，边缘有细锯齿。花鲜黄色，腋生，蜡质。花期12月至翌年2月。原产于我国广西，国家二级濒危植物，被誉为“茶族皇后”。

金花茶填补了山茶科家族没有黄色花的空白。花瓣多，花色亮丽，晶莹剔透，流金溢彩；观赏价值高，是冬季难得的观花树种。嫩叶和花可制茶，能增强免疫能力，辅助治疗高血压；老叶煎服还可治痢疾或外用清洗伤口，花治便血。种子榨油可供食用或工业用。花之浸提液黄色，可作食用染料。木材可用于雕刻。实生苗开花较晚，长达10年才开花。

金山茶

金山茶

(3) 越南抱茎山茶 (*C. amplexicaulis*)

叶大，无叶柄，叶抱茎。花红色，未开花朵球形，似红色小果，形如海棠果；盛开时杯状，花瓣厚、革质。播种、扦插和嫁接繁殖。

越南抱茎山茶

越南抱茎山茶

(4) 山茶 (*C. japonica*)

中国“十大名花”，世界名贵花木之一。主要分布于西南、华中地区。喜温暖、半阴的环境。多数品种在南亚热带地区不太适应生长，少量耐热品种有：赤丹山茶花 (*C. japonica* ‘Chidan’)，花红色；烈香山茶花 (*C. japonica* ‘High Frangrance’)，花粉红，极香。

山　茶

山　茶

烈香山茶

烈香山茶

赤丹山茶

76.重瓣石榴 *Punica granatum* 'Pleniflora'

千屈菜科 Lythraceae	石榴属 *Punica*
俗名：月季石榴	英文名：Pomegranate Rose

落叶灌木，株高1～3米。叶对生或簇生，长椭圆形，全缘，新抽出之叶红褐色。花腋生，花萼肥厚，钟状，红色；花瓣鲜红色，重瓣，球状，雌雄蕊瓣化而不易结果。春至秋季均能开花，以夏季最盛。

重瓣石榴

石　榴

重瓣石榴为原产地中海地区石榴（*P. granatum*）的栽培种。性喜阳光，干燥温暖的气候环境，喜肥沃疏松的石灰质土壤，适应性强。是扦插、压条或嫁接繁殖。

花大、重瓣、鲜红色，优良的夏秋季观花植物，多用于庭园美化或盆栽观赏。果可食用。

77. 红千层 *Callistemon rigidus*

桃金娘科 Myrtaceae	红千层属 *Callistemon*
俗名：红瓶刷、金宝树	英文名：Stiff Bottlebrush

常绿灌木或小乔木，高可达5米。树皮坚硬，灰褐色，嫩枝有棱。叶坚革质纸质，线形，纵脉1条，突起；嫩叶被丝状绒毛；叶柄极短。穗状花序瓶刷状，生于枝顶；萼宿存，花瓣绿色，雄蕊长，花丝鲜红色，密集。蒴果碗状，坚硬圆滑，种子细小。花期春夏季。

原产于澳大利亚，我国华南地区常栽培。喜阳光充足，耐高温，喜潮湿，耐旱，生长稍慢。播种繁殖。

花形奇特，花色鲜艳，是极好的园林观赏植物。可单植、列植于庭园中的小径旁或水岸边。

常见的栽培种或近缘种有：垂枝红千层（*C. viminalis*），又名串钱柳，小乔木，叶长状披针形，枝条下垂，雄蕊基部连成环形并成一整体脱落；多花红千层（*C. viminalis* 'Hannah Ray'），枝条纤细，柔软及花序下垂，花深红色；美花红千层（*C. citrinus*）枝条、花序直立，叶较厚，花鲜红色；白花红千层（*C. formosus*），花序白色；松叶红千层（*C. pinifolius*）低矮半匍匐，叶窄细，松针状，被白粉，花丝浅黄色；紫光红千层（*C.* 'Purple Splendour'），花紫红色。

红千层

垂枝红千层

多花红千层

美花红千层

白花红千层

松叶红千层

紫光红千层

78.红果仔 *Eugenia uniflora*

桃金娘科 Myrtaceae	番樱桃属 *Eugenia*
俗名：番樱桃、巴西红果	英文名：Surinam Cherry

常绿灌木或小乔木，高2 ~ 5米，枝条柔软。叶对生，卵形，两面无毛，有无数透明腺点。聚伞花序具细长的总花梗；花白色，稍芳香。浆果球形，有8棱，成熟时变为黄色、鲜红色或紫色，有种子1 ~ 2颗。花期春季，夏秋季边开花边结果。

原产于巴西，我国南方有栽培。喜温暖湿润气候，耐半阴，耐修剪。播种繁殖。

红果累累，晶莹可爱，同一植株上既有花，又有绿、黄、橙红至红色的浆果，甚是美观。果肉多汁，稍带酸味，可食，并可制软糖。

79. 桃金娘 *Rhodomyrtus tomentosa*

桃金娘科 Myrtaceae	桃金娘属 *Rhodomyrtus*
俗名：山棯、岗棯	英文名：Rose Myrtle

常绿灌木，株高1～2米，幼枝密被柔毛。叶对生，椭圆形，背面被灰白色茸毛，离基3出脉。聚伞花序顶生，花淡紫色、紫红色或白色，雄蕊多数。浆果，卵状壶形，成熟时紫黑色。花期4—5月，果期7—8月。

原产于我国华南地区及亚洲热带其他地区，多生于丘陵坡地和疏林下。喜光，也耐阴，喜温暖至高温湿润的气候，适应性强，耐干旱和瘠薄，喜酸性土壤，为酸性土指示植物。播种繁殖。

树形紧密，四季常青，花期长，花多而密，浅粉的花瓣中央衬以红色的雄蕊，红蕊白花相映成趣；浆果由鲜红变紫黑，富色彩变化。为良好的热带园林野生花卉。果可食，制作果酱，产地多用泡酒，具补血养颜之功效。

80. 蝶花荚蒾 *Viburnum hanceanum*

五福花科 Adoxaceae	荚蒾属 *Viburnum*
俗名：蝴蝶花	英文名：Japanese Double File Viburnum

常绿灌木。叶宽卵形或矩圆状卵形，下面常带绿白色。花序外围有4～6朵白色的不育花，具长花梗，花冠直径达4厘米，不整齐4～5裂，花朵水平排列；中央可育花直径

约3毫米，萼筒长约15毫米，花冠辐状，黄白色，雄蕊高出花冠。果球形，红色。花期4—5月，果熟期8—9月。

原产于我国华中、西南地区。性喜温暖、湿润，耐半阴，常生于山坡、山谷混交林内及沟谷旁灌丛中。播种、扦插繁殖。

花洁白素雅，繁花满树，如蝴蝶飞舞，可作庭园美化。枝叶可药用，治寒热、疟疾。

81.绣球 *Hydrangea macrophylla*

绣球花科Hydrangeaceae	绣球属Hydrangea

俗名：八仙花

半落叶灌木，高约1米。叶对生，阔卵形，边缘粗锯齿，厚纸质。伞房花序顶生，小花聚生成球，宛如大绣球。小花多数不育，花萼片4枚，阔卵形或卵圆形，平展。花色丰富，有蓝、紫、粉、红等多色。春夏间开花。

原产于我国长江流域及以南各省区。喜半阳光、温暖湿润、阴凉通风、土壤富含腐殖质且排水良好的生长环境，忌高温、强日照及长期潮湿。南亚热带栽培多需经过低温春化处理才能正常开花。多采用扦插、分株、压条或嫁接等无性繁殖。

花序硕大如球，花色丰富，变化多端，鲜艳瑰丽，花期长达2个月之久。部分品种花色随栽培溶液的pH而变化，当pH呈碱性时，花色红色；pH为酸性时，花色蓝色。适合用于庭园美化、盆栽或切花。花和叶药用可治感冒、疟疾及心脏病。

82.红花玉芙蓉 *Leucophyllum frutescens*

玄参科 Scrophulariaceae	红花玉芙蓉属 *Leucophyllum*
俗名：玉芙蓉	英文名：Texas Sage

常绿小灌木，株高1 ~ 1.5米。枝条开展或拱垂。叶互生，倒卵形，先端钝圆，密被银白色茸毛，全缘，微卷曲。总状花序，腋生，花冠漏斗状铃形，先端5裂，紫红色。夏秋开花。

分布于墨西哥至美国得克萨斯州。性喜高温、湿润、向阳环境。喜欢生长在温暖稍干旱的环境中，耐热、耐盐碱，不耐阴。植株易老化，需重剪。扦插、压条繁殖。

全株叶茂密，叶色独特，且花美丽，花期长，耐修剪，可观叶或观花，用于庭园美化，或修剪造型或盆栽之优雅矮灌木。也适应用于岩石花卉及沿海地区海滨绿化。

83.蓝星花 *Evolvulus nuttallianus*

旋花科 Convolvulaceae	土丁桂属 *Evolvulus*
英文名：Blue Daze	

常绿低矮匍匐小灌木，株高45厘米，幼枝密被白色绵毛。叶互生，椭圆形，全缘，

叶背密被白色绵毛。花腋生，合瓣花，花冠蓝色，中心白色，星形。全年均可开花，以春、夏季最盛。

原产于北美洲热带地区。喜高温、湿润、向阳的环境。生性强健，耐热，耐旱，耐湿，不耐阴。多以扦插等无性繁殖为主。

枝叶密集，繁花不断，花姿清新脱俗。常作庭园美化，花境、花坛、地被及盆栽。

84. 石海椒 *Reinwardtia indica*

亚麻科 Linaceae | **石海椒属 *Reinwardtia***

披散小灌木，高可达1米。叶纸质，倒卵披针形，全缘或疏锯齿。花序顶生或腋生，花瓣黄色。蒴果球形，种子具膜状翅。花期夏秋季。

原产于印度等东南亚国家。喜高温湿润，喜生于石灰质肥沃土壤。耐半阴、耐干旱与贫瘠，耐修剪。种子或扦插繁殖。

花朵繁多，花色金黄，宜用于岩石园及墙垣、台阶等含石灰的砌缝中生长，是立体绿化的好材料。也可作花丛、花篱或地被，或盆栽。茎叶可药用，有清热解毒功效。

85. 粉苞酸脚杆 *Medinilla magnifica*

野牡丹科 Melastomataceae	酸脚杆属 *Medinilla*
俗名：珍珠宝莲、宝莲灯	英文名：Medinilla

常绿灌木，高1～2.5米，茎常有4棱。单叶互生，常生于枝条上半部，无叶柄，卵形，全缘，有光泽。叶脉明显，基出5出脉。穗状花序下垂，花外有粉红色总苞片，花梗粉红，花冠钟形。果实圆形形，红色，有宿存的萼片。花期4—6月。

原产于非洲、东南亚的热带雨林。喜高温湿润，不耐寒冷与干旱，适宜富含腐殖质的肥沃疏松壤土。扦插繁殖。

株形优美，叶片宽大，粉红色花序下垂，形色华丽。用于庭园丛植或花境栽培，也可盆栽。

86. 印度野牡丹 *Melastoma malabathricum*

野牡丹科 Melastomataceae	野牡丹属 *Melastoma*
俗名：野牡丹、展毛野牡丹、多花野牡丹	英文名：Malabar Melastome

灌木，分枝多；全株密被伏毛。叶片纸质，卵形或卵状披针形，全缘，5基出脉，偶有7基出脉。伞房花序生于分枝顶端，有花3～7朵，稀单生，花瓣粉红、玫瑰红、紫红、蓝紫色；雄蕊金黄色。蒴果坛状球形，与宿存萼贴生，种子镶于肉质胎座内。花期3—7月，果期10—12月。

原产于华南地区，生于林缘或溪边。扦插或播种繁殖。常见酸性土适栽植物，用于溪边、潮湿地带的观花地被或灌木丛，打造乡土景观。全株药用可活血化瘀，治消化不良、肠炎腹泻、痢疾便血等症；叶捣烂外敷或用干粉，可止血。

根据《中国植物志》（FOC）英文修订版，印度野牡丹（*M. Malabathricum*）已与野牡丹（*M. candidum*）、多花野牡丹（*M. affine*）、展毛野牡丹（*M. normale*）合并为一个种。观赏价值较高的近缘种：毛菍(*M. sanguineum*)，植株较高，花萼密被红色长硬毛；地棯（*M. dodecandrum*），植物矮小，匍匐生长，5基出脉；蔓性野牡丹（*Heterotis rotundifolia*），蔓性匍匐灌木，3基出脉，花艳，叶有红锯齿。

印度野牡丹

蔓性野牡丹

地　棯

印度野牡丹

毛　菍

87. 巴西野牡丹 *Tibouchina semidecandra*

野牡丹科 Melastomataceae	蒂牡花属 *Tibouchina*
俗名：光荣树、南美野牡丹	英文名：Glory Bush

常绿小灌木，株高30 ~ 60厘米。枝条红褐色；叶对生，椭圆形至披针形，两面具细茸毛；花大型顶生，花瓣5枚，深紫蓝色，风车形排列；雄蕊为白色，且上曲。蒴果坛状

球形。全年均可开花，在我国，每年10月至翌年6月为盛花期，7—9月因气温较高开花量少。

原产于巴西，生于低海拔山区及平地。性喜温暖、湿润，喜阳耐旱。植株清秀，花期长，花朵艳丽，花色又是高贵的紫色，因此称为荣耀灌木(Glory bush)。适合庭园、绿地的绿化、美化。

近缘种，角茎野牡丹（*T. granulosa*)，花较大，花瓣蓝紫色或紫红色，花形车轮形，花蕊蓝紫色；银毛蒂牡花（*T. aspera* var. *asperrima*)，叶银灰色，密被茸毛，花蓝紫色，圆锥花序。

角茎野牡丹

巴西野牡丹

巴西野牡丹

银毛蒂牡花

银毛蒂牡花

88. 九里香 *Murraya exotica*

芸香科 Rutaceae	九里香属 *Murraya*
俗名：石桂树	英文名：Chinese Box

常绿灌木或小乔木。枝灰白色，羽状复叶，小叶3～7片；小叶阔卵形或倒卵椭圆形，全缘。近伞房聚伞花序，花瓣5片，芳香，白色，常有油点；雄蕊10枚，花丝白色，花柱比子房纤细，与子房无明显界限，均绿色，柱头黄色。果椭圆形，成熟后呈橙黄至红色，果肉有黏胶质液，种子1～2粒。花期4—8月，果期9—12月。

原产于我国华南地区，常见于离海岸不远的平地、缓坡、小丘的灌木丛中。喜生于沙质土、向阳的地方。不耐干旱，易感白粉病，可抗大气污染。播种或压条繁殖。

本种树姿优美，枝叶秀丽，叶色翠绿；花洁白，芳香宜人，为良好的木本花卉，因其耐修剪，常作造型园景树、绿篱和道路隔离带植物及盆景，也适用于海岸耐盐植物。药用有行气活血、祛风除湿及麻醉镇痛功效。

89. 三角梅 *Bougainvillea* spp.

紫茉莉科 Nyctaginaceae	叶子花属 *Bougainvillea*
俗名：叶子花、九重葛、宝巾、簕杜鹃、三角花等	英文名：Great Bougainvillea

常绿藤状灌木，枝有刺。单叶互生，卵形或椭圆形。3朵花常簇生，3个叶状苞片围成三角形，苞片色彩丰富，可呈白、粉、红、紫、黄或橙等色。花小藏于苞片内；花萼管状。几乎全年开花，冬春季最盛。果小，瘦果，栽培种常不结果。

原产于亚马孙雨林。喜强光，喜高温，富含腐殖质的肥沃土壤，生性强健，耐贫瘠，耐盐碱，耐旱，不耐寒。扦插或嫁接繁殖。

苞片犹如花瓣，具有花色繁多、色泽鲜艳、花量多、花期长、多次开花的特点，应用于庭园美化、盆栽欣赏、棚架景观或墙垣攀缘，通过控花和品种搭配栽培可达到全年观赏的极佳效果。

三角梅园艺价值较高有3个原种和3个杂交种。3个原种为三角梅（*B. spectabilis*）又称毛叶三角梅、光三角梅（*B. glabra*）和秘鲁三角梅（*B. peruviana*）。毛叶三角梅叶密生柔毛，苞片较花长，暗红色或淡紫红色，花被管密生柔毛，枝刺大而弯曲。光三角梅叶无毛或疏生柔毛，苞片与花几等长，紫色或洋红色，枝刺短小略弯。秘鲁三角梅叶片长而薄，叶柄长，无茸毛；苞片小，圆形或扭曲、起皱，玫瑰红或洋红色；花被管纤细，无毛，小花黄色；刺短而直。3个杂交种为巴特三角梅（*B.* ×*buttiana*），光叶种与秘鲁种杂交；巴克三角梅（*B.*×*spectoperuviana*），毛叶种与秘鲁杂交；拉塔拉三角梅（*B.*×*spectoglabra*），光叶种与毛叶种杂交。

伊娃夫人白 · 白雪公主

银边叶白三角梅

帝国喜悦 · 绿叶樱花

新加坡粉红

毛三角梅

柠檬黄 · 加州黄金

金边宫粉 · 美人鱼

画报 · 奇特拉

重瓣粉 · 怡红 · 洛斯巴诺斯美人粉

斑叶 · 斑叶光叶紫

冰淇淋 · 斑叶雪紫

水红 · 马尼拉小姐

三角梅各种之间可进行杂交，植株本身极易芽变产生新的变种，通过不断地杂交、芽变、染色体加倍，可以产生大量的三角梅品种、园艺栽培种，目前全世界共有1 000多个品种，我国栽培400多个品种。

胭脂红

绿叶宫粉

塔紫·粉红小精灵

斑杂大红·树莓冰·热带彩虹

红心樱花·花蝴蝶

云南紫·伊丽莎白·安格斯

炮仗黄·金雀

黄锦·罗斯维尔喜悦

变色龙·黄橙粉

90. 黄钟花 *Tecoma stans*

紫葳科 Bignoniaceae　黄钟花属 *Tecoma*

英文名：Yellow Trumpet Bush、Yellow Bells、Yellow Elder、Ginger-thomas

落叶蔓性灌木，高2～3米，枝条柔软下垂。奇数羽状复叶，小叶阔披针形或长椭圆形，边缘有锯齿。花冠喇叭状，上部5浅裂，鲜黄色。秋末结果长条形，状如豆荚，种子具翅。秋冬季开花。

原产于南美洲和西印度群岛。喜温暖环境，耐干旱。扦插或播种繁殖。

花数朵密生成束，满树艳黄，极为耀眼亮丽。适合庭园栽培，盆栽观赏，或用作岩石花卉。花含花蜜能招蜂引蝶，诱鸟。枝叶可作饲料。

近缘种，硬枝凌霄（*T. capensis*）蔓性灌木，羽状叶轴翅化，花冠漏斗状，略弯曲，橙红色至鲜红色。

黄钟花

硬骨凌霄

黄钟花

三、木质观花藤本

木质藤本是指地上部分不能直立生长，须攀附于其他支持物才能正常生长的木本植物。根据其攀附方式，可分为4种形式：

1.缠绕类：茎蔓能扭转生长方向而缠绕他物向上生长，如大花老鸦嘴、忍冬、使君子、飘香藤、金香藤等。

2.吸附类：茎蔓具有吸附根或吸盘等吸附器官，吸附他物向上，如凌霄花、薜荔、络石、地锦等。

3.攀缘性：茎蔓具有卷须或钩刺，能卷绕他物向上生长，如珊瑚藤、炮仗花、蒜香藤等。

4.垂蔓性：茎蔓匍匐或斜卧地面生长，与地面接触容易发根；种植在地势较高，茎蔓即能向下悬垂，如软枝黄蝉、龙吐珠、非洲凌霄等。

南亚热带地区的观花藤木植物种类较多，但开发应用的种类却并不多。观花藤本植物可作荫棚、花廊、花架、栅栏、篱墙、窗台的绿化与美化，其藤蔓开花供观赏，棚架下提供阴凉，可供休憩。此书主要搜集开花显著、应用较为广泛的木质藤本观花植物。木质藤本常用于花架、荫棚、花廊、窗台、栅栏或墙篱或花篮。

1.龙吐珠 *Clerodendrum thomsoniae*

唇形科 Lamiaceae	大青属 *Clerodendrum*
俗名：白花龙吐珠、美丽龙吐珠	英文名：Bleeding-heart Rine

常绿垂蔓性半木质藤本，长2～5米。幼枝四棱。叶对生，革质。花萼白色，基部合生，中部膨大，顶端5深裂；花冠深红色，5裂，从花萼中伸出；雄蕊4枚，细长，与花柱伸出花冠外。花期3—5月。

原产于西非，喜高温湿润，性喜阳光及半阴环境，耐热不耐寒。扦插繁殖容易。

花形奇特，花量繁茂，可作花架、栅栏、台阁的攀缘或垂吊花卉，也可盆栽欣赏。

常见栽培的种有：华丽龙吐珠（*C. splendens*），又名红花龙吐珠，花萼与花冠都为鲜红色；红萼龙吐珠（*C.*×*speciosum*）是龙吐珠与华丽龙吐珠的杂交种，花萼粉红色，花冠鲜红色。

龙吐珠

红花龙吐珠

红萼龙吐珠

2.绒苞藤 *Congea tomentosa*

唇形科 Lamiaceae	绒苞藤属 *Congea*

常绿攀缘状木质大藤本，长2～7米；小枝密被黄色茸毛，具环状节。叶片，对生，

坚纸质，密生柔毛，全缘。聚伞花序，花5～7朵，花无柄，紫红色，密生白色长柔毛。核果豌豆大小，顶端凹陷，包藏于稍膨大的宿萼内。花期12月至翌年2月。

原产于我国云南的西南部以及东南亚热带地区。喜阳，喜高温湿润，耐热不耐寒，生长强健，管理粗放。扦插或压条繁殖。

花期长达数月，具有良好的攀缘效果，可运用在建筑物、围墙、栅栏、花架、花廊、荫棚等立体空间布置。

3. 首冠藤 *Cheniella corymbosa*

豆科 Fabaceae　　羊蹄甲属 *Cheniella*

俗名：深裂叶羊蹄甲

常绿攀缘性木质藤本，嫩枝叶、花序和卷须被红棕色小粗毛。叶纸质，近圆形，先端深裂达叶长的3/4，裂片先端圆，基部近截平或浅心形；基出脉7条。伞房总状花序顶生于侧枝上，多花，花瓣白色，有粉红脉纹，能育雄蕊3枚，花丝淡红色，具芳香。荚果带状，种子褐色。花期4—6月，果期9—12月。

首冠藤

牛蹄麻

主产于我国广东及海南，生于疏林或山坡阳处。喜温暖湿润，耐贫瘠干旱。扦插及播种繁殖。

新叶与卷须色彩鲜艳，枝蔓飘逸柔美，叶形奇特精美，花朵素雅，繁星点点，蔓生能力强，枝蔓繁茂，是作棚架、凉亭等垂直绿化的乡土观花植物，也可作岩石边坡绿化。

近缘种：牛蹄麻（*Phanera khasiana*），叶近革质，广卵形，先端短2裂，深1/5 ~ 1/4，叶脉7 ~ 9条；伞房花序顶生，花瓣橙红色。

4. 白花油麻藤 *Mucuna birdwoodiana*

豆科 Fabaceae	黎豆属 *Mucuna*

俗名：禾雀花、雀儿花、血枫藤、鸡血藤、大兰布麻

常绿大型缠绕性木质藤本，茎粗达30厘米。叶互生，3小叶，斜卵形或卵状椭圆形。总状花序下垂，小花众多，花冠白色或绿白色。荚果木质带状，大而多节，长30 ~ 45厘米，密被红褐色毛，种间缢缩。花期3—5月，果期6—11月。

原产于我国华南及西南地区，喜光，喜温暖湿润气候，耐寒，耐半阴，耐干旱，喜肥沃疏松排水良好的土壤。扦插或播种繁殖。

藤蔓苍劲，枝叶葱翠，花形似禾雀，别致有趣，盛开之际，串串飞花悬于枝干，形成“老茎开花”奇观，极为壮观，宜作荫棚或花廊植物，观花与垂直绿化效果俱佳。每年清明前后，是油麻藤最灿烂最繁盛的观花时节。茎皮及种子药用，治风湿麻痹等。

近缘种，紫花品种：油麻藤（*M. sempervirens*），花冠深紫色，花期4—6月。

白花油麻藤

白花油麻藤

油麻藤

5.常绿钩吻藤 *Gelsemium sempervirens*

钩吻科 Gelsemiaceae	钩吻属 *Gelsemium*
俗名：北美钩吻、金钩吻、法国香水	英文名：Carolina Jessamine

常绿缠绕类木质藤本，藤蔓长2～3米。单叶对生，披针形，表面有光泽。花单生或小型聚伞花序腋生，花梗短被鳞片，花萼绿色，花冠鲜黄色，有茉莉香气，漏斗形，5裂，裂片圆形，先端稍凹。蒴果长卵形，2果瓣，种子有翅。花期10月至翌年5月。

原产于美国中部及南部，后传入日本，广泛种植于东京以南各城市，我国近年来引种栽培。性喜阳光，稍耐阴，喜温暖、湿润、肥沃环境，不耐寒。扦插繁殖。

藤蔓柔美，花鲜黄芳香，观花期长，秋叶橙红。适合栅栏、铁窗、棚架等垂直绿化或盆栽花篮。此属植株有毒，含有毒生物碱，原产于我国的钩吻藤（*G. elegans*），简称钩藤，有剧毒，有"断肠草"之称，传说神农尝百草就因尝钩藤中毒而亡，因而，切勿误食或吸吮此类植物的花蜜。

常绿钩吻藤

钩吻藤

6. 大花紫玉盘 *Uvaria grandiflora*

番荔枝科 Annonaceae	紫玉盘属 *Uvaria*
俗名：山椒子、葡萄木	英文名：Large Fruit Uvaria

常绿攀缘灌木，全株密被黄褐色星状柔毛。叶纸质或近革质，长圆状倒卵形。盛开紫红或深红色花朵，花大，直径达9厘米。果熟时黄色，圆柱形，簇生，状似香蕉，故也称“山椒子”。3—11月花开，5—12月果熟。

原产于亚洲热带地区，我国热区有野生。喜光，喜温暖、湿润气候，不耐寒，喜肥沃、疏松和排水好的土壤。播种繁殖。

叶色青绿，花大，色彩艳丽，花期长，红花绿叶相映生辉，黄果硕大，鲜艳，为庭园花廊、花架、围墙、棚栏和凉亭等的垂直绿化植物。果可食用。

7. 清明花 *Beaumontia granditlora*

夹竹桃科 *pocynaceae*	清明花属 *Beaumontia*
俗名：比蒙花	英文名：Easter Herald Trumpet

大型木质藤本，茎有皮孔。叶椭圆形，长6~30厘米。聚伞花序顶生，花冠白色或淡黄色，直径约10厘米。雄蕊着生于花冠筒的喉部，花药箭头状。蓇葖果形状多变。花期春夏季，果期秋冬季。

云南野生，生于山地林中。性喜温暖湿润气候。可扦插繁殖。

枝蔓强健，花大型清雅，可作大型棚架。根叶供药用，可治风湿、跌打损伤等。

8. 飘香藤 *Mandevilla laxa*

夹竹桃科 *pocynaceae*	巴西素馨属 *Mandevilla*
俗名：双腺藤、双线藤、红文藤、双喜藤、无心花	英文名：Mandevilla Vine

常绿缠绕型藤本。叶对生，全缘，长卵圆形，先端急尖，革质，叶面有皱褶，叶色浓绿。花腋生，花冠漏斗形，花为红色、桃红色、粉红等色，淡香。花期主要为夏、秋两季。

原产于中南美洲，本种为园艺种。花大色艳，特别适合作为栅栏装饰用途。

红蝉花（*M. sanderi*），半蔓性木质小型藤本，蔓长约半米，全株具汁液，嫩枝被毛。叶对生，长椭圆形，长心形，两面光滑，具光泽，叶端具短尖，全缘。花冠漏斗形，花红色或桃红色，喉黄色。

飘香藤

飘香藤

红蝉花

红蝉花

9. 金香藤 *Pentalinon luteum*

夹竹桃科 *pocynaceae*	金香藤属 *Pentalinon*

俗名：蛇尾蔓、蔓性黄蝉

常绿缠绕型蔓性藤本，茎具白色体液，其液汁有毒。叶对生，椭圆形，先端圆或微突，全缘，革质，明亮富光泽。花腋生，花冠漏斗形，上缘5裂，金黄色，极为醒目。果实圆形，密生锐刺，但结果率不高。春至秋季开花，花期达3～4个月。

原产于美国及西印度群岛。性喜高温，生育适温22～30℃，日照良好。以肥沃富含腐殖质、排水良好沙壤土为佳。扦插繁殖，每年早春修剪整枝。

小型蔓藤植物，花金黄，藤蔓素雅，朝开暮落，适于盆栽、攀篱或小花架美化，不适合大型荫棚。

10.羊角拗 *Strophanthus divaricatus*

夹竹桃科 Apocynaceae	羊角拗属 *Strophanthus*

常绿木质藤本或蔓性灌木，藤蔓茎长可达4.5米，枝密被皮孔。叶对生，窄椭圆形，短尖。花瓣黄绿色，裂片5，带状长条形，长达15厘米，喉部副花冠，黄白色。角状蓇葖果广叉开。花期3—7月，果期6月至翌年2月。

原产于我国华南及西南。喜高温湿润，耐贫瘠与干旱。

花形与果形奇特，观赏效果皆佳。可作栅栏、花架的攀缘植物，也可作庭园树、标本园或盆栽欣赏。全株有毒，种子尤甚。但可药用作强心剂，治血管硬化、跌打损伤、风湿、蛇咬伤等。

11.夜香藤 *Telosma cordata*

夹竹桃科 Apocynaceae	夜来香属 *Telosma*
俗名：夜来香	

常绿蔓性藤本，茎缠绕或垂悬。叶对生，心形，卷曲，表面缩皱，浓绿色，叶背淡绿。春至夏季均能开花，聚伞花序腋生，倒垂状，花冠呈黄色，5裂，左旋，具芳香。

原产于我国华南及东南亚，园艺零星栽培。性喜高温高湿，生长适温为23 ~ 32℃。可用播种或扦插、压条繁殖。

园林上适于小型棚架、篱墙美化或大型盆栽。花芳香，尤以夜间更盛，对人健康不利。常栽培供观赏。华南地区有取其花与肉蛋类煎炒作馔。花可蒸香油。花、叶可药用，有清肝、明目之效，华南地区民间有用其治结膜炎等。

12.络石 *Trachelospermum jasminoides*

夹竹桃科 *Pocynaceae*	络石属 *Trachelospermum*
俗名：风车茉莉、风车藤、万字茉莉	英文名：Star Jasmine

常绿缠绕型蔓性藤本，茎长达10米，具白色体液，有毒。叶对生，卵形，全缘，革质。聚伞花序顶生或腋生，花萼裂片反曲，花冠白色，5枚，风车状排列，雄蕊内藏于花冠内。蓇葖果线形角状，叉形。花期3—8月。

原产于我国大部分地区。生于山野岩石上或攀附在墙壁或树上。生性强健，适宜性广，耐干旱，耐水湿。扦插繁殖。

花素雅清香，抗性强，可于墙垣、栅栏等垂直绿化，观花地被，或盆栽观赏，不适合大型荫棚。全株药用，可治风湿等。茎皮可制绳索。

13. 三星果藤 *Tristellateia australasiae*

金虎尾科 Malpighiaceae	三星果属 *Tristellateia*

常绿缠绕型木质藤本，蔓长可达10米。单叶对生，卵形，亚革质，全缘。总状花序顶生或腋生，花鲜黄色，5瓣，花柱细长。蒴果圆球形具星状芒刺。花期4—5月或全年。

原产于中国台湾，以及马来西亚、澳大利亚及太平洋诸岛。性喜阳光、高温、湿润的环境，抗风、耐旱，怕寒。播种或扦插繁殖。

枝蔓秀丽，花序成串开放，花色鲜艳明快。可用作篱笆、栅栏、围墙、凉亭、棚架等美化装饰，也可作阳台的攀援或垂吊花卉，也是海滨绿化良好材料。

近缘种，狭叶异翅藤(*Heteropterys glabra*)，茎纤细，翅果，红色。

狭叶异翅藤

三星果藤

三星果藤

14. 山牵牛 *Thunbergia grandiflora*

爵床科 Acanthaceae	山牵牛属 *Thunbergia*
俗名：大花老鸦嘴	英文名：Bengal Trumpet

缠绕木质大藤本，茎粗壮，长达7米以上。单叶对生，阔卵形，具3～5条掌状脉，

叶缘有缺刻或浅裂；两面粗糙，被毛。下垂总状花序，花大型，蓝色，近白色。蒴果下部近球形，上部具长喙，开裂时似乌鸦嘴。夏秋开花。

原产于中国西南部至印度。喜温暖、湿润、通风环境，不怕寒；喜光，稍耐阴。老植株藤蔓易干枯零乱，宜定期修剪。扦插繁殖，易生根。

开花繁盛，呈一串串下垂花，生长健壮，是大型棚架及篱垣的良好绿化材料。

近缘种，桂叶山牵牛（*T. laurifolia*），又名樟叶老鸦嘴，叶长椭圆形，花同山牵牛；黄花老鸦嘴（*T. mysorensis*），花序具长柄、下垂，花萼紫红色，花瓣二唇形黄色，花形特别，如翩翩起舞的跳舞女郎。

山牵牛

山牵牛

桂叶山牵牛

桂叶山牵牛

黄花老鸦嘴
（摄影：孙伟生）

黄花老鸦嘴
（摄影：孙伟生）

15.红花青藤 *Illigera rhodantha*

莲叶桐科 Hernandiaceae　　青藤属 *Illigera*

常绿吸附性木质藤本。3出叶互生，小叶椭圆形，全缘。聚伞花序腋生，萼片与花瓣同形，各5枚，紫红色，被粉。附属物花瓣状，膜质。花期6—11月。

原产于我国广东、广西及云南，生于山谷林间或旷野。性喜温暖湿润，生性强健。扦插或播种繁殖。

花优美色艳，似朵朵莲花，枝蔓浓绿，宜作棚架遮阴或栅栏攀爬观花植物。

16. 珊瑚藤 *Antigonon leptopus*

蓼科 Polygonaceae	珊瑚藤属 *Antigonon*
俗名：朝日藤	英文名：Mountain Rose

半落叶蔓性藤本，长达10米。地下根为块状，茎稍木质化，有棱角和卷须。单叶互生，呈卵状心形，叶端锐，基部为心形，全缘，纸质，具叶鞘。花序总状，顶生或腋生，花序轴顶部延伸变成卷须；花稀疏，淡红色或白色；花被片5，在果期稍增大，外轮3片比内轮2片大。瘦果，三菱形，藏于宿存花被内。花期4—8月。

原产于墨西哥，在我国华南地区逸为野生。性喜温暖湿润的环境，喜肥沃土壤，畏严寒。每年须重剪，防老化。扦插繁殖。

串串花序晶莹娇柔，色彩艳丽，繁花满枝，花期极长，是夏季难得的名花。枝条具卷须蔓延力强，被称为“藤蔓植物皇后”，适合花廊、花架、花墙、围篱或荫棚绿化美化。还可作切花，供插花、花篮。块根可食。

17. 蓝花藤 *Petrea volubilis*

马鞭草科 Verbenaceae	蓝花藤属 *Petrea*
俗名：锡叶藤、紫霞藤、砂纸藤	英文名：Queen's-wreath

常绿蔓性藤本。叶粗糙如砂纸，对生，椭圆形，先端突尖，全缘。总状花序，花冠2层状，条状，花瓣深紫色，5裂，宽短；花萼淡紫色，窄长。夏至秋季开花。

原产于中美洲和西印度群岛，园艺零星栽培。性喜高温，生育适温22 ~ 30℃。冬季寒流侵袭会有落叶现象。可用扦插或压条繁殖。

花瓣与花萼深紫浅蓝2色衬托，花色幽雅，花姿妩媚。花瓣常早落，主要欣赏为长久不落的花萼。适合花廊、花架、拱门、篱墙或荫棚栽植。

18. 华南忍冬 *Lonicera confusa*

忍冬科 Caprifoliaceae	忍冬属 *Lonicera*
俗名：山银花、金银花	

缠绕性藤本花卉。小枝密生卷曲的短柔毛，小枝淡红褐色。叶纸质对生，长卵形全缘，幼时密被短糙毛。花双生，花苞片狭细，花筒密生短柔毛，花冠二唇形，初时白色，后变金黄色，芳香。花期4—5月，9—10月偶有开花。少见结果。

原产于我国华南地区。喜阳也耐阴，耐寒，耐干旱，耐潮湿。扦插繁殖。

华南忍冬四季常绿，气味芳香，适合庭院隅、阳台悬吊等香花、美化，是垂直绿化的好品种。花及茎叶药用可清热解毒，治感冒、肺炎等症，是五花茶材料之一。药材金银花为忍冬科忍冬属植物干燥花蕾或带初开的花。

19. 使君子 *Combretum indicum*

使君子科 Combretaceae	使君子属 *Combretum*
俗名：四君子	英文名：Rangoon Creeper

常绿缠绕木质藤本。幼枝有锈色短柔毛。叶对生，薄纸质，有锈色柔毛，叶柄下半部宿存成硬刺状。穗状聚伞花序顶生、下垂，有花10余朵，花两性，花瓣5。果有5棱，熟时黑色，种子1颗。花期夏秋季，华南地区少见结果。

原产于我国华南地区，园艺普遍栽培。喜阳，喜温暖，不耐寒，畏霜冻，生性强健，耐热、耐旱、耐水湿；宜深厚、湿润、肥沃的土壤，直根性，不耐移植。多用播种、扦插繁殖。

花变色的特性，即初开为白色，第二天清晨变成粉红色，傍晚变成红色，经三四天变成紫红色，便开始下垂凋谢。生性强健，生长迅速，夏秋季枝繁叶茂，四季花开，优良的棚架、墙垣、花廊及荫棚等立体绿化植物。

20.木玫瑰 *Merremia tuberosa*

旋花科 Convolvulaceae	鱼黄草属 *Merremia*

俗名：块茎鱼黄草

多年生蔓性半木质化藤本，下部茎木质化。叶纸质，互生，掌状深裂，裂片7，阔披针形。花顶生，漏斗状，鲜黄色。蒴果，果成熟后木质化开裂，似干燥的玫瑰花，种子黑褐色。花期秋季，果期冬季。

原产于南美洲。性喜高温、湿润及向阳场所。藤蔓生长快速，一天茎蔓生长量可达30厘米。播种繁殖。容易老化，寿命5～7年。

本种生长旺盛，花朵繁多而鲜艳，是较好的观花荫棚或屋顶遮阳花卉，也可作花廊或篱缘。

21. 红花西番莲 *Passiflora coccinea*

西番莲科 Passifloraceae	西番莲属 *Passiflora*
俗名：红苞西番莲	英文名：Passion Vine

多年生常绿蔓性藤本，蔓长可达数米。具弹簧状卷须，幼茎近圆形，老茎三棱形。叶互生，长卵形。花单生于叶腋，花瓣长披针形，先端微急尖，稍外向下垂，红色。副花冠3轮，最外轮较长，紫褐色并散布有斑点状白色，内两轮为白色。果卵圆形。

原产于南美洲圭亚那。性喜温暖、湿润。我国热带地区栽培多不结果，扦插繁殖。

花大，极为艳丽，观赏性极佳。适合棚架、花架、绿廊栅栏及庭园种植观赏。

近缘种，紫花西番莲（*P. amethystina*），叶掌状深裂，花紫色。

红花西番莲

紫花西番莲

22. 蒜香藤 *Mansoa alliacea*

紫葳科 Bignoniaceae	蒜香藤属 *Mansoa*
俗名：富士藤	英文名：Garlic Vine

常绿攀缘藤本，叶揉搓有蒜香味，具卷须。二出复叶，小叶浓绿，椭圆形，全缘。聚伞花序腋生，花冠筒状漏斗形，先端5裂，颜色随着时间而变色，初开时，深紫色，后变为粉红到白色。蒴果扁线形，种子具薄膜翅状。一年开花多次，春到秋冬季均能开花。

原产于美洲热带地区。性喜高温、高湿，喜阳光充足的环境，生长适温为21～28℃。幼树生长缓慢，三年以后生长会快许多，可以用扦插法繁殖，春、秋两季皆适宜。

本种团花簇锦，蔚为壮观，一般作为拱门、花架、篱笆、围墙美化或凉亭、棚架装饰之用，也可用于阳台的攀缘或垂吊花卉。

近似种，紫铃藤（*Saritaea magnifica*），又名逍遥藤，叶纸质，花与蒜香藤相似。

蒜香藤

蒜香藤

紫铃藤

紫铃藤

23. 非洲凌霄 *Podranea ricasoliana*

紫葳科 Bignoniaceae	非洲凌霄属 *Podranea*
俗名：紫云藤、粉凌霄	英文名：Port St Johns Creeper、Pink Trumpet Vine

常绿蔓性灌木，高2～3米。奇数羽状复叶，对生，小叶长卵形，先端尖，基部圆形，叶缘具锯齿。花冠喇叭形，先端5裂，粉红至浅紫色，喉部色深，具紫红色条纹。蒴果线形，种子扁平。秋季至翌年春季为开花期。

原产于非洲南部。喜光及土壤肥沃、排水良好的环境，能耐−7℃的低温。生长快速，为避免植株零乱和促进开花，每年需修剪。播种或扦插繁殖。

花姿柔美，花色悦目，为优良木本观花植物。多片植、丛植用于花镜或花坛，也可用于墙垣、土坡、篱缘的攀援或垂吊植物。

近缘种，凌霄（*Campsis grandiflora*），原产于中国，攀援藤本，橙红色，常用作棚架花卉和药用。粉花凌霄（Pandorea jasminoides），原产于澳大利亚，花冠粉白色，喉部红色。

凌　霄

粉色凌霄

非洲凌霄

24. 炮仗藤 *Pyrostegia venusta*

紫葳科 Bignoniaceae	炮仗花属 *Pyrostegia*
俗名：炮仗花	英文名：Flamevine

攀援藤本。三出羽状复叶对生，顶生小叶常变态成的丝状卷须，并借卷须向上攀援。顶生圆锥花序，花冠长筒形，上部4～5裂，橙红色。大量筒状花朵着生于藤蔓上酷似成串的鞭炮，故名“炮仗花”。冬春开花，花期长达数月之久。蒴果线形，成熟后开裂，少见结果。

原产于巴西，园艺普遍栽培。喜温暖、阳光充足和土壤湿润、疏松、肥沃。扦插或压条繁殖。

本种是著名的热带藤本观花植物，花量众多，成串成团，花色艳丽，常用于庭园棚架、栅栏、坡墙的垂直绿化，繁花似锦，状如瀑布倾泻而下。药用可治咽喉肿痛、支气管炎。

拉丁名索引

中文名索引

图书在版编目（CIP）数据

南亚热带地区木本花卉识别与应用／武丽琼，杜丽清主编．—北京：中国农业出版社，2023.10
ISBN 978-7-109-31241-8

Ⅰ.①南… Ⅱ.①武…②杜… Ⅲ.①热带－木本植物－花卉－观赏园艺－南亚 Ⅳ.①S685

中国国家版本馆CIP数据核字（2023）第196437号

中国农业出版社出版
地址：北京市朝阳区麦子店街18号楼
邮编：100125
责任编辑：丁瑞华　黄　宇
版式设计：王　晨　　责任校对：吴丽婷　　责任印制：王　宏
印刷：北京中科印刷有限公司
版次：2023年10月第1版
印次：2023年10月北京第1次印刷
发行：新华书店北京发行所
开本：787mm×1092mm　1/16
印张：10.75
字数：255千字
定价：98.00元